水産学シリーズ

133

日本水産学会監修

海藻食品の品質保持と加工・流通

小川廣男・能登谷正浩 編

2002・11

恒星社厚生閣

まえがき

　伝統的な食用海藻であるノリ，ワカメ，コンブは，先人の努力により人工採苗技術等が確立し，今日ではいずれも養殖生産が可能となり，ノリ栽培のような「運草」から脱し，現在は年間約2,000億円の産業に発展している．しかし，その後の技術革新あるいは食品としての新規用途の開拓は，健康食品としての海藻サラダの他見るべきものはない．その間，米離れ等食習慣の変化，内外の市場解放による流通環境の変化，高付加価値の多様化，HACCPへの対応と安全性の問題等々，食用海藻をとりまく環境の変化は著しい．今日，海藻の医薬的用途や機能性成分などの非食品研究が先行する中で，食用としては従来どおりで此処数十年が推移した．食用海藻の生産・流通・加工に係わる品質保持や安全性については，現在，ポスト・ハーベストなど十分に検討を要する種々の問題があり，これまで以上に現場と研究者が共通の認識に立った早急の解決が求められている．

　以上のような利用や研究の現状をふまえて，ごく些細な「こんなことも分かっていない」といったことをはじめとして，最近の海藻食品をめぐる課題を整理し，今後の研究方向に示唆を与えることを目的として本シンポジウムを企画した．平成14年度日本水産学会大会（近畿大学農学部）において「海藻食品の品質保持と加工・流通に関する課題」と題して開催したところ，多数の方々のご参加を戴き，貴重な話題の提供と活発な討論がなされた．本シンポジウムが，予定よりも早く開催できたのは，機が熟すというよりは，今こそ海藻食品の品質・加工・流通に係わる諸問題について，多角的に現状と問題点を確認し，今後を展望しなければ，わが国は海藻食品についての世界のリーダーたりえないとの危機感が誰にもあったのかも知れない．

　本書は，標記シンポジウムの講演内容を中心に質疑応答と総合討論の内容を考慮，加味してとりまとめたものである．執筆者の立場や視点が研究者，生産者，加工業者と様々であるため，一書としては統一に欠ける嫌いがあるが，それらはすべて編者の責任である．本書を通して，今後この分野の研究に一層の関心が寄せられ，特に若い研究者に海藻食品への理解が深まれば幸いである．

最後に，本シンポジウムの企画開催ならびに本書の出版にあたってご尽力を戴いた日本水産学会シンポジウム企画委員会と出版委員会，当日の参加者，また多大なご配慮を戴いた（株）恒星社厚生閣の関係者に，心から感謝申し上げる．

海藻食品の品質保持と加工・流通に関する課題
　企画責任者　小川廣男（東水大）・平田　孝（京大院農）・天野秀臣（三重大生物資源）・大房　剛（元山本海苔研）・能登谷正浩（東水大）

開会の挨拶	平田　孝（京大院農）
Ⅰ．問題提起	
1．海藻食品の品質・加工・流通上の問題点	小川廣男（東水大）
Ⅱ．品質保持と加工の課題　　　　　　　座長	小川廣男（東水大）
1．ワカメにおける湯通しと品質保持	山中良一（理研食品）
2．コンブの熟成と品質保持	池上淳子（小倉屋（株））
3．海苔の包装材と品質保持	平田　孝（京大院農）
4．海苔の高付加価値加工方法の開発	大住幸寛（（株）白子）
Ⅲ．安全性の課題　　　　　　　　　　　座長	平田　孝（京大院農）
1．海苔生産とHACCPマニュアル	能登谷正浩（東水大）
2．海苔の品質に影響を及ぼす微生物類	天野秀臣（三重大生物資源）
3．海藻中の微量元素と安全性	塩見一雄（東水大）
Ⅳ．流通上の課題　　　　　　　　　　　座長	天野秀臣（三重大生物資源）
1．ワカメの輸入と品質	佐藤純一（理研食品）
2．海藻サラダ原料の輸入と品質	鈴木　実（フィラガ・ジャパン）
3．食用海藻の海外事情と国内問題	大房　剛（元山本海苔研）
Ⅴ．総合討論　　　　　　　　　　　　　座長	小川廣男（東水大）
	天野秀臣（三重大生物資源）
	大房　剛（元山本海苔研）
	能登谷正浩（東水大）
	平田　孝（京大院農）
閉会の挨拶	小川廣男（東水大）

2002年5月

小川　廣男
能登谷正浩

海藻食品の品質保持と加工・流通　目次

　　まえがき ………………………………………（小川廣男・能登谷正浩）

Ⅰ. 海藻食品の現状と展望
1. 海藻食品の品質・加工・流通上の問題点
　　………………………………………………（小川廣男）…………9
　　§1. 海藻の系譜（10）　§2. 海藻の用途（13）
　　§3. 期待される海藻（14）　§4. 食用海藻を取り巻く
　　深刻な問題（15）　§5. おわりに（15）

Ⅱ. 品質保持と加工の課題
2. わかめにおける湯通しと品質保持 ……（山中良一）…………17
　　§1. ワカメの加工方法の変遷（17）　§2. 湯通し塩蔵
　　わかめの加工工程（18）　§3. ボイル条件と品質の関
　　係（19）　§4. その他湯通し加工における問題点（22）
　　§5. 湯通し加工と栄養の問題（26）　§6. おわりに（26）

3. こんぶの熟成と品質保持 ……………………（池上淳子）…………28
　　§1. 生産・消費の動向（28）　§2. コンブの生産と保
　　存の変遷（29）　§3. こんぶの種類について（31）
　　§4. こんぶの熟成と品質保持（32）　§5. 食品の安全性
　　確保と衛生管理（33）

4. のりの品質保持包装の現状と今後 ……（平田　孝）…………35
　　§1. 乾のりの品質と貯蔵による変化（35）　§2. のりの
　　包装設計（39）　§3. 新しい包装材料（41）　§4. 焼の
　　りの品質と包装（42）　§5. もう一つの品質と包装（44）

5. のりの高付加価値加工方法の開発……(大住幸寛)……46
　§1. 板のりの高付加価値化(46)　§2. 板のり以外の高付加価値加工技術(51)　§3. ノリ由来機能性成分の利用(52)　§4. まとめ(57)

Ⅲ. 安全性の課題
6. ノリ生産とHACCPマニュアル……(能登谷正浩)……59
　§1. HACCPの7原則(60)　§2. 危害要因の検討(61)　§3. 危害要因の分析(63)　§4. のり生産工程のHACCP導入，管理マニュアル(64)　§5. まとめ(67)

7. ノリの品質に影響を及ぼす微生物類
　………………………………(天野秀臣)……69
　§1. ノリと細菌の共存関係(69)　§2. 細菌性の病気(70)　§3. 細菌以外の微生物類(73)　§4. 生菌数(74)

8. 海藻中の微量元素と安全性………(塩見一雄)……79
　§1. 海藻中のヒ素の安全性(80)　§2. 海藻中のカドミウムの安全性(87)　§3. 海藻中のヨウ素の安全性(88)　§4. おわりに(88)

Ⅳ. 流通上の課題
9. ワカメの輸入と品質………………(佐藤純一)……91
　§1. わが国のワカメ生産(91)　§2. ワカメ輸入の急増(93)　§3. 韓国でのワカメ養殖・加工の現状(97)　§4. 中国でのワカメ養殖・加工の現状(100)　§5. 輸入ワカメの品質(103)　§6. おわりに(104)

10. 海藻サラダ原料の輸入と品質 ……………(鈴木　実)………106
　　§1.「サラダ系」海藻とは(106)　§2.「サラダ系」海藻の市場(107)　§3.「サラダ系」海藻の現状と問題点(110)　§4.「サラダ系」海藻の品質(113)
　　§5. 将来の品質(113)

11. 食用海藻の海外事情と国内問題 ………(大房　剛)………115
　　§1. 日本・韓国・中国での生産状況(115)　§2. 生産者数の減少(120)　§3. 日本への輸入状況(121)
　　§4. 日本市場への影響と対策(123)　§5. おわりに(124)

Prospects of Quality, Processing and Distribution of Sea Algae Products for Human Food

Edited by Hiroo Ogawa and Masahiro Notoya

I. Current status and future prospects of sea algae products available today
   1. Notes of quality, processing and distribution of sea algae products
      Hiroo Ogawa

II. Processing and quality control
   2. Relationship between the boiling process and quality control in wakame (*Undaria pinnatifida*). Ryoichi Yamanaka
   3. Ageing and quality control of kombu Junko Ikegami
   4. Current status and future prospects of quality control package for sea algae Takashi Hirata
   5. Development of high performance products from nori (*porphyra* spp.) Yukihiro Osumi

III. Safety of sea algae for food
   6. Outline of quality control by HACCP system and the manual for nori production Masahiro Notoya
   7. Microorganism influenced on quality of nori Hideomi Amano
   8. Trace elements in sea algae and safety Kazuo Shiomi

IV. Foreign and internal affairs of sea algae distribution
   9. Importation of wakame and the quality Junichi Sato
   10. Importation of sea algae for salad and the quality Minoru Suzuki
   11. Cultivation of nori, wakame and kombu in Japan, Korea and China and these effects on Japanese market Tuyosi Oohusa

I. 海藻食品の現状と展望

1. 海藻食品の品質・加工・流通上の問題点

小 川 廣 男*

　日本人にとって，海藻は身近でなじみの深い食品の一つである．私達が意識するしないは別として，世界的に見ても日本人は海藻を常食にしている珍しい民族である．古くは大宝律令（701年）の賦役令に紫菜（アマノリ），凝海藻（テングサ類），海藻（ワカメ）などの海藻名が記され，今日でもこれらはのり，寒天，わかめとして食卓に登場する．一方，海外に目を転じれば，海藻の利用はせいぜい肥料か，アルギン酸やカラギーナン等の工業用原材料として意識される程度である．そのためか，研究面でもこの状況は変わらないようである．海外の海藻研究は分類学や生理生態学を中心として活発であるにも関わらず，今日でも食品を意識した研究例は極めて少ない．今日海藻は，世界的には，繊維用捺染糊剤，溶接棒添加剤，水処理用凝集沈降剤，マイクロカプセル基剤等の工業用に，あるいはX線造影剤用安定剤，歯科印象剤，嚥下補助剤，DDS (drug delivery system) 用カプセル等の医薬用として注目されているが，このような状況はむしろ国内では知られていない．

　わが国の海藻研究は海藻学の父といわれた岡村金太郎博士に始まる．博士が水産講習所の教官であったことが関係しているのかどうかは解らないが，当初から海藻の用途を考慮していたことは，慣習的ノリ養殖に初めて自然科学を導入し，学術的にその沿革や技術をまとめた『浅草海苔』(1909) や全7巻の『日本藻類図譜』(1907-1947) を見れば明らかである．その後，内外の藻類学の発展とともに，わが国では水産増養殖学の視点から大型海藻の研究が進展したことは周知の通りである．特に，殻胞子放出までのアマノリ属の春夏姿が貝殻に穿孔した糸状体 (conchocelis) であることが，1949年に英国の藻類学者

---

* 東京水産大学食品生産学科

ドゥリュー（Kathleen Mary Drew）女史により発見されるや，殻胞子を人工的に海苔ひびにつける人工採苗の研究が進み，発見から10年を経ずにこの採苗技術が全国的に普及したことは，当時のわが国の応用海藻研究が堅実な基礎研究に裏打ちされ，高い水準にあったことの証といえよう．程なく，のり生産量の増大と今日まで続く計画供給が可能になった歴史に学ぶ点は決して少なくはない．

私達は海藻を古来より常食とする民族であり，それを産業になるまでに育て上げ，大きな経済価値を付与した世界的にも希有な民族である．以下，わが国では，海藻の研究は食文化の創造そのものであったことを歴史から学びつつ，海藻食品の品質・加工・流通上の問題点についての認識と今日的話題を総括して，今日停滞する研究の現状と課題を考える資料としたい．

§1. 海藻の系譜
1·1　海藻と海草

海藻と海草の違いはあまり意識されないが，植物学上は大きな隔たりがある．まず，海藻は sea weed, sea algae, marine algae, sea vegetable などと英訳され，後になるほど使用頻度は少なくなる．著者はここ20年来食用海藻にはシー・ベジタブルの使用を推奨してきたが，普及は未だしの感がある．海藻は藻類であるから組織学上の維管束はなく，根のようなものがあってもそこから養分を吸収するわけではなく，茎や葉のように見えてもその働きはない．光合成もクロロフィルの他に青や赤のビリン系のタンパク質色素が働いており，これらの色素が，藍藻類や紅藻類に特有の色を提供している．一方，海草は sea grass とよばれ，文字どおり陸上植物と同様の根・茎・葉を備えた顕花植物である．海草はアマモに代表される海産顕花植物（marine phanerogam）として，維管束もあり花も咲かせる．このように植物学的にはっきりした特徴の違いを有するにも関わらず，しばしば一緒に扱われる原因は，関心の深さ，すなわちそれらとの付き合いの深さや重要度に関係する．海藻が食文化に深く関わっているわが国においてさえ，成分や組織のみならず，生活史も異なる海藻と海草について無意識的な混同が存在するのは残念なことである．

1・2　利用海藻の種類と生産量[1]

ゼンゲ・大野らによると，世界中では221種類の海藻がなんらかの形で利用されているという．内訳は，緑藻が32種，褐藻が64種そして，分類学的にはより下等な紅藻が125種と最も多くの種類が利用されている．紅藻と褐藻のほぼ50％の種類はアルギン酸やカラギーナン，あるいはカンテンなどの海藻多糖類の抽出に供されているが，工業的に大量に利用される種類は限られている．他に，医薬用として24種，家畜の飼料や肥料に25種，変わったところでは，イタリアでは緑藻（*Ulva latevirens*）と紅藻（*Gracilaria verrucosa*）それぞれ1種類の海藻を利用して紙の生産をしている．これらの紙には海藻特有の色素が混入しているが，使用にあたっての違和感は全くない．

海藻の生産量は，その52％が養殖によるもので，内訳は緑藻が74％，褐藻が82％，紅藻が22％であるとゼンケ・大野は報告している．また，養殖量の90％は中国，韓国，日本の三国で占められ，コンブ，ノリ（アマノリ），ワカメ，オゴノリがその主要海藻となっている．したがって，養殖されている海藻は，食用海藻であるといっても差し支えない．世界の海藻生産量の90％を中国，韓国，日本にフランス，イギリス，チリを加えた6ヶ国で占めている．利用される海藻も，褐藻のコンブと*Macrocystis*，ワカメ，Maerlとよばれる紅藻の*Lithothamnion*，アマノリ，オゴノリが中心となっている．このように，221種類の海藻とはいっても，産業規模で利用される海藻の種類が限られていることも，陸上植物に見られない特徴となっている．

1・3　海藻用途の二極化

海藻はその利用のされ方として，表1・1に示すように非食品系と食品系の二つの系譜をもつ．一つはsea weed（海の雑草）のイメージに連なるもので，肥料・飼料・工業用原料として歴史はあるものの，成分利用の点で比較的新しい認識のされ方をもち食品に縁遠い系譜である．そして，もう一方は，sea vegetableの系譜で，ノリ，ワカメ，コンブに代表され，日本人にはなじみの深いものである．工業用原料としては，主にアルギン酸・カンテン・カラギーナンの3種の多糖類が利用されているが，我々日本人にとっては，これらの多糖類はおそらく食品に添加されるものとばかり思っているのではあるまいか．表1・1に示すようにアルギン酸はコンブ科（Laminariaceae）や巨大海藻の*Lessonia*

など褐藻類から得られる．カラギーナンは，同じ紅藻類のツノマタ（*Condrus crispus*）やキリンサイ（*Kappaphycus alvarezii*）から得られる．カンテン（アガロースとアガロペクチン）は，テングサ科（Gelidiaceae）やオゴノリ科（Gracilariaceae）などの紅藻類から得られる．今日では，医薬用・化粧品用として，また生理活性物質の面からは，抗腫瘍活性や抗酸化活性，プロスタグランジン産生能や赤血球凝集素（レクチン）活性，アンジオテンシンⅠ変換酵素（ACE）阻害作用等々が注目されて，藻体そのものより機能性成分の供給源として期待を集めている．

表1・1 海藻の系譜

系譜	主な海藻	用途	主な利用国
sea weed系（非食品系）	紅藻（テングサ類，スギノリ，オゴノリ，ツノマタ）褐藻（アラメ，カジメ，ヒバマタ）緑藻（アオサ，アオノリ）	工業用原料（医薬用，化粧品用，製紙用）肥料・飼料 土質改良材	アメリカ，カナダ，アイルランド，アイスランド，イギリス，フランス，イタリア，ポルトガル，スペイン，チリ，アルゼンチン，メキシコ，日本，韓国，中国，南アフリカ，ニュージーランド
sea vegetable系（食品系）	紅藻（アマノリ，テングサ類，スギノリ，オゴノリ，キリンサイ）褐藻（ワカメ，コンブ，ヒジキ）緑藻（アオノリ，ヒトエグサ，クビレヅタ）	加工食品 食品添加物（安定剤，改質剤）	日本，韓国，中国，インドネシア，フィリピン，タイ，バングラデシュ，カナダ，フランス

前述したが，その昔，特定の海藻は税にもなりうる貴重品であり，それ以外の海藻についても日常食ないし救荒食の対象として古くから認識されていた．今日では藻体そのものの利用だけでなく，前述のアルギン酸・カンテン・カラギーナンは，各種食品の安定剤や食感改質剤として，あるいは食物繊維（ダイエタリーファイバ）源として海藻の健康食イメージを定着させる功があった．しかし，食物繊維は整腸作用やダイエット効果があるという安易な認識が市場に形成されてしまった感があり，今日では却ってこのことが仇となり，それ以上に発展した新たな利用開発が妨げられている．

§2. 海藻の用途

表1・2に示したように海藻の用途は多岐にわたり，海藻を食の対象と考えている日本人には驚くばかりであろう．しかし，海外の海藻事情はこのようである．かつて，一時期は食品としての海藻の輸出・売り込みを模索していた彼等

表1・2　主要海藻多糖類（アルギン酸・カラギーナン・カンテン）の主な用途

	主な海藻	主な利用国	用途
アルギン酸	Lessonia Macrocystis Ecklonia（カジメ） Laminaria Durvillaea	チリ アメリカ 南アメリカ 北欧，中国 オーストラリア	食品用：増粘：乳化安定剤 　　　　ビール用泡沫安定剤 　　　　栄養機能食品 工業用：繊維用捺染糊剤 　　　　溶接棒添加剤 　　　　水処理よう凝集沈降剤 　　　　マイクロカプセル基材など 医薬品：X線造影剤用安定剤 　　　　歯科用印象基剤など 化粧品用：原料基準記載品
	Ascophyllum	ノルウェー，カナダ	肥料，飼料
カラギーナン	Chondrus crispus（ツノマタ）	大西洋沿岸（カナダ，ヨーロッパ）	食品用：安定剤，結着剤， 　　　　アイスクリーム増粘剤 　　　　ゼリーなど 医薬品：カプセル剤 　　　　歯磨剤
	Kappaphycus alvarezii（キリンサイ） Eucheuma denticuratum	フィリピン，タイ，インドネシア	
	Gigartina（スギノリ属） Iridaea（スギノリ科ギンナンソウ属）	チリ，アルゼンチン，ブラジル，ペルー	
カンテン	Gelidium amansii（マクサ）	スペイン，モロッコ，ポルトガル，韓国，日本，メキシコ，インドネシア	食品用：寒天，羊羹，心太， 　　　　テンプンの老化防止剤 　　　　増粘剤 　　　　特定保健用食品など 工業用：鋳物型材など 医薬用：歯科用印象基材 　　　　嚥下補助剤 　　　　DDS用カプセルなど 化粧品用：保湿剤
	Gelidium pristoides	南アフリカ	
	Gracilaria verrcosa（オゴノリ）	チリ，アルゼンチン，ブラジル，ペルー，トルコ，日本，韓国，中国，台湾，フィリピン	
	Frucellariaceae（ススカケベニ科）	デンマーク，カナダ	
	Porphyra haitanensis（壇紫菜）	中国	

も，日本の食用海藻の品質の高さと品質評価の複雑さを知るに至り，食用海藻としての海藻加工を断念した経緯があるが，その原因は，のりやこんぶを例にとれば明らかである．これらは，一次加工がすなわち製品加工になるために，一次加工は単に乾燥工程に止まらず，製品の品質に関わるノウハウが凝縮されていることによる．逆に，食の対象としてしか海藻を捉えられない日本人には，海藻を原材料としてすりつぶすことにはかなりの抵抗感があろう．この，文化的背景を理解しない限り，海藻の加工食品は日本人の視点，すなわち，伝統食品のディテールにこだわるあまり，結局モディファイの域を脱することは困難であろう．この意味から，第5章の高付加価値加工法の開発に関する記述は，わが国における食の側からの新しい取り組みとして注目したい．

§3. 期待される海藻

近年，海藻の食物繊維やそのオリゴ糖に癌リスクの軽減作用が認められ，あるいはオゾンホールの拡大に伴い，海藻に普遍的に存在する紫外線吸収物質等の生理活性物質や機能性成分が注目を集めている．紫外線吸収物質については，一部は化粧品に添加され，すでに利用されている．供給の点を考えると有利な養殖種では，アマノリの紫外線吸収物質（P-334）が有望であるが，安定性を始め各種性質等の研究はほとんど手がつけられていない．この分野では理学的な基礎研究は世界的規模でなされても，食の系譜をもつ応用研究を新規に立ち上げることは容易ではない．その理由は，sea weed と sea vegetable の2つの系譜がそのまま彼我の違いになっている上に，食用大型海藻に関する研究件数がこの10年間にすっかり減少してしまったからである．

海藻が環境修復生物として期待される一方で，地中海北西部沿岸の海域はイチイヅタ（*Caulerpa taxifolia*）の異常繁茂に見舞われている．イチイヅタと云えば同種に食用のウミブドウ，すなわちクビレヅタ（*Caulerpa lentillifera*）があるが，ここではイワヅタ科特有のテルペン系毒性物質コーレルペニンが問題になっている．この毒はウニ卵に発生異常を起こさせるだけでなく，性ホルモンであるステロイドホルモンの生合成に関与するチトクロームP-450を不活性化する自殺基質として作用することが明らかとなり，別の意味で生態系に与える影響が危惧されている．

このように，今日の海藻研究は，食品添加物，工業用，医薬用のみならず，その安全性や地球環境に関しても対象にするなど多岐にわたり，非食品を中心に盛んに実用展開されている．

§4. 食用海藻を取り巻く深刻な問題

翻って我が足下を見ると，伝統的な食用海藻であるノリ，ワカメ，コンブは，先人の努力のお陰で人工採苗技術が確立し，かつての運草，お天気草，博打草（全て養殖アマノリのこと）は養殖産業となり，その安定生産・安定供給が可能になった．しかし，その後見るべき技術革新あるいは新規の用途は見られず，かろうじて，健康食品として海藻サラダの新しい市場の登場が目を引く程度であろう．その間，ファーストフードの飛躍的拡大にのり（おむすび用）の他食材としての海藻を送り込めなかった食用海藻界に追い討ちを駆ける若年者層の米離れ等食習慣の変化，国際的市場解放による流通環境の激変，稀少化と機能化がもたらす高付加価値指向の更なる多様化，国際規格としてのHACCPへの対応の要請，BSE（牛海綿状脳症）を契機とした安全性の認識の変化等々，食用海藻をとりまく環境の変化は著しく，その対応に生産者も試験場も行政までもが苦慮しているのが現状である．前述の「期待される海藻」で紹介したように，海藻の機能性成分に期待が集まり企業研究が先行展開される中で，今，食用海藻についてはこれまで以上に現場と研究者が共通の認識に立つことが必要である．

§5. おわりに

今日の海藻は，食用ならびに工業原料としての伝統的な利用形態から大きく離れ，生理活性物質あるいは機能性物質の供給源として，さらにはその植物的位置付けから水圏生態系の基礎生産者としてのみならず，環境修復生物としてもその有用性が注目されている．しかし，そのことばかりに研究の支点が片寄るのは感心しない．世界の海藻利用地図は広範ではあるが，その内実はわずかな種類の海藻，限られたいくつかの国に支えられており，なによりも食用としての関わりは全世界的に絶対的関係を維持している．そこに目を向けるならば，気圏と比べて圧倒的に物質密度の高い海という環境に生育する海藻について，

品質の保持や安全性の保証は，陸上農産物や加工品のそれを単純に敷衍して済ませられることはありえず，今後ますます重要な課題としなければならない．その解決策は，次章以下に見出せるに違いない．

文　献

1 ）W. L. ゼンケ・ホワイト・大野正夫：世界の有用海藻資源，海藻資源，6，21-26　(2001).

II. 品質保持と加工の課題

2. わかめにおける湯通しと品質保持

山 中 良 一*

　ワカメ（*Undaria pinnatifida*）はおそらく記紀時代以前から日本人の食となっていたと思われる．古文書に朝廷への献上物になっていたことが記されているが，このことは当時からワカメが乾物（おそらく素干し品）として流通していたことを物語っている．それから約 1,300 年以上，ワカメはわが国の食卓の一部を彩ってきた．長らくその流通形態は素干し品であったが，品質保持や食べ方の変化も相まって，幾つかの加工方法が考案され，現在に至っている．

　現在，日本全国のほとんどの小売店，スーパーの乾物売り場や冷蔵ショーケースでは乾燥わかめや塩蔵わかめ，あるいは生食のわかめが少なくとも 1 種類は売られている．しかし，昔ながらの素干しわかめは一部地域のお土産店以外で目にすることはほとんどない．日本全国一般的に，知れ渡っているわかめ製品の原料は間違いなく湯通し塩蔵わかめで，その鮮やかな緑色の広がりは，ワカメが緑藻類であるかのような幻覚を日本国民に与えているほどである．そこまで日本の伝統的かつ現代的な食品として地位を確立したワカメであるが，その原料の湯通し塩蔵わかめの加工方法などに関してまだ問題点も多い．本稿では，それらこれまでのワカメの加工と現在および今後の課題について論議してみたい．

§1. ワカメの加工方法の変遷

　有史以来，わかめは長らく天然物が生産物のすべてであった．1940 年頃に大槻洋四郎が中国・大連の関東州水産試験場でワカメの養殖を初めて行って以来，水産研究機関や三陸・鳴門の漁業者自体が試験を行って[1]，1950 年代後

---

* 理研食品株式会社

半にはほぼ基本的なワカメ養殖方法が確立された．古来からのワカメの加工方法としては収穫物をそのままあるいは中央の茎部分から2つに裂いてそのまま風乾する素干し方法が主であった．その後，鳴門地区（徳島県）では灰干しが，出雲地方では板わかめの加工方法が考案され，それぞれの地域で食されてきた．1960年代に塩蔵わかめが考案・商品化され，養殖技術向上による生産量増大と相まって，ワカメの消費は一般家庭へ浸透し，湯通し塩蔵わかめの出現によって，ワカメは日本食の象徴的な具材としての地位を確保したといえる[2]．

現在，スーパー，コンビニエンスストアなどで売られている乾燥わかめのほとんどはカットわかめで，その原料は湯通し塩蔵わかめである．また，「生わかめ」として売られている塩蔵わかめは100％が湯通し塩蔵わかめを原料としている．

現在，ワカメ養殖の主産地といえば，日本では三陸および鳴門地区，韓国では莞島（ワンドー）を中心とした全羅南道沿岸，中国では大連を中心とした遼東半島沿岸である．ワカメの収穫最盛期となれば，これらの地区ではワカメのボイルした臭いが立ち込める所も多いほど，湯通し塩蔵わかめ加工が主流をなしている．

§2．湯通し塩蔵わかめの加工工程

ワカメ養殖は初夏に採苗，秋に沖出しし，翌年の1月から5月にかけて収穫する．養殖方法などは他書を参照されたい[3]．ここでは収穫後の加工について述べる．

刈り取り，陸揚げ後すぐに湯通し（ボイル）を行なう．連続的に大量処理を行なうところでは大きな鉄釜を用い，海水でボイルするのが一般的である．バーナーあるいはボイラーの生蒸気を使い，ボイルする．国内の三陸や鳴門でも大掛かりな加工設備をもつ漁協や加工業者もいるが，養殖者が小さな釜（鉄製，FRP製，ステンレス製）を使用し，バッチでボイルする事も多い．通常，海辺あるいは港内で海水によりボイル，冷却を行う．ボイル温度とボイル時間は地域や加工者によって違いは見られる（この条件がワカメの色調など品質に大きく影響する：後述）が，一般的には90℃以上，数十秒でボイルする．褐色の原藻を熱湯に投入した瞬間に鮮緑色に変化する．

ワカメ葉体は先端部と元茎部，中央の中茎付近と葉先端では厚みがかなり異なる．また中茎の部分は葉に比べ厚いために，同じ温度でボイルしても熱の受け方が異なり，どの部分での色調でみるかによりかなり変わってくる．ボイルが不足すると，酵素が完全に失活せずに残るため，褐色のまま残り，さらに保管中にその周りも褐色に変色してゆく．ボイルし過ぎると，クロロフィル自体もダメージを受け，くすみのある緑色になってしまう．

ボイル後すぐに大量の水で冷却される．大量の海流水で冷却し，大量処理の場合，2段階で冷却している所も多い．これはボイルによって品温がかなり高くなり，緩慢冷却では品温が高く，過ボイルと同じ状態となり，くすんだ緑褐色になってしまう．葉体の厚い三陸地区の一部では3段階で冷却する所もある．

冷却後，葉体を軽く絞り，塩をまぶす．塩は国内，韓国，中国を問わず天日塩の粉砕塩を使用している．粉砕塩でまぶしたワカメが最もしっかりしているようである．塩の量は地区によって異なるが，原藻量の30%から40%である．連続式とバッチ式があるが回転胴で塩をからめ，タンクで1晩から2晩漬け込む．葉体内部から水が引きだされ，ほぼ飽和塩水状態となり，ワカメ葉体の内部まで漬け込む．その後，脱水が行なわれる．通常は加圧脱水であるが，韓国ではワカメのみで四角の山を作り，ワカメの自重のみで脱水を行なっている所もある．その後，藻体中央の中茎（中芯）を除去する．これは現在でも，どの地区でもほとんど人手で行なわれている．機械化の試みがなされてきたが，処理量や品質（中茎の残存が多いと塩抜けが悪くなる）面で満足できる結果には至っていない．近年，三陸地区で良好な中茎除去機が開発されたそうである．

中茎除去後，異常葉（斑点・病虫害葉など）や混入異物を選別除去し，最終の脱水を行って梱包する．鳴門地区の一部では20 kg入りであるがその他は15 kg詰めである．これで1次加工は終了し，入札や検品，輸入などの経過を経て，使用メーカーなどへと流通する．

§3. ボイル条件と品質の関係

ワカメ原藻を湯通しした瞬間，原藻は一瞬にして褐色から鮮やかな緑色へと変化する．湯通しの条件（温度，時間）と湯通し塩蔵したワカメの−20℃での保管中の色調の変化（官能検査）についての経時変化を図2・1に示す．ワカメ

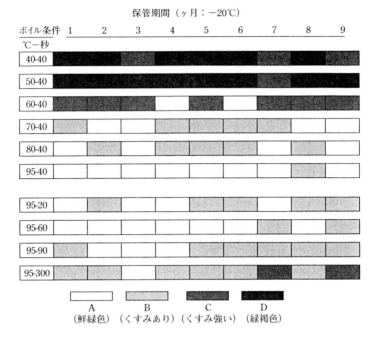

図2・1 ワカメの湯通し条件と保管中の色調の変化（官能検査）

は比較的低温でも緑色に変化するが，高温になるほど色調が鮮やかであった．また，湯通し時間は比較的短いほうが色調が良好であったが，あまり短いと熱が全体に伝わり切らず，色調の部分的なバラツキが大きい[4]．これはクロロフィル a と他色素とのバインダーの役割をしている酵素が熱変性し失活したため，クロロフィル a の色調が表に現れたためである．しかし，更に熱が加わったり，pH が低下すると，クロロフィル a 分子の錯体中心の Mg^{2+} イオンが H^+ に置換し，フェオフィチン a（褐色色素）になってしまう．簡易的定性法として，湯通し塩蔵わかめを100％メタノールで色素抽出し分光光度計で分析すると，クロロフィル a とフェオフィチンでは400 nm 付近でピークの違いが見られた．すなわち，クロロフィル a は430 nm にピークをもち，フェオフィチンは410 nm にピークを示した．クロロフィルとフェオフィチンの変化のパラメーターとして410 nm と430 nm の吸光度の比を取り，経時的に変化を調べたのが表2・1である．温度での比較では95℃が良好であったが，95℃でも湯通

し時間が長くなると，フェオフィチンの量比が多くなることが分かる．また，たとえ−20℃で保管をしていても，クロロフィルは徐々にフェオフィチンへ変化していることが示唆された．

通常のボイルは海水で行なわれる．海水のpHは8.0から8.5程度である．しかし，高温で熱せられるうちに酸性化して，実際にボイルする時には湯のpHは7.0を切る．現在，ボイル釜としてほとんどの地区で使われている鉄製釜では酸性になるまでの時間は短い．ほとんどの1次加工場ではpHが下がりすぎるのを防止するため，1日に数回，ボイル水を新しい海水に交換する．それでも図2·2のように，ボイル水のpHはみるみる下がってゆく．これは，ボ

表2·1 湯通し条件と410 nm / 430 nmの吸光度比

温度（℃）	時間（秒）	保管期間（ヶ月）		
		4	6	9
40	40	0.98	0.96	0.93
50	40	0.94	0.93	0.93
60	40	0.88	0.89	1.02
70	40	0.88	0.91	0.96
80	40	0.87	0.89	0.92
95	40	0.86	0.86	0.89
95	20	0.86	0.87	0.87
95	60	0.88	0.88	0.88
95	90	0.89	0.89	0.88
95	300	0.92	0.94	0.93

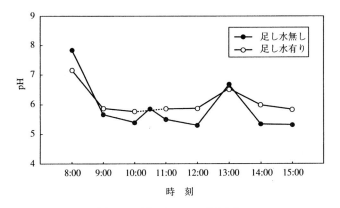

図2·2 ボイル水のpHの経時変化

イルすることにより，ワカメの内部にある有機酸（ほとんどはクエン酸）が溶出するためである．三陸地区のある加工場ではボイル釜を2つ並べ，同じ温度にして，1つはワカメのボイル，1つは足し水専用にし，常時湯の入れ替えを行って，pH低下を防ぐ試みをしている．

§4. その他湯通し加工における問題点

これまで，ワカメの養殖における病虫害などの問題点は数々の文献などで取り上げられてきた．しかし，養殖上の問題点が加工途中で現れる事例も少なからず見られる．そのうちの幾つかを簡単に紹介する．

4・1 低水温と保管中の変色

三陸地区では数年に一度，冷水塊が沿岸に入り込み，非常に低温のままワカメの収穫期が通過する年がある．三陸地区での平年の最低水温は5℃位であるが，2～3℃となる年がある．近年では平成13年の大船渡，気仙沼地区での状況がそれに近かった．当然，ワカメの生育は遅れ，収穫最盛期にまだ小さいワカメがほとんどであった．収穫量の減少や歩留まりの低下という経済的な被害を蒙ったが，そのような年には夏場に保管中の湯通し塩蔵わかめが褐色に色変わりしてしまう現象が見られることがある．その機構はまだ定かではないが，平成13年夏にも一部の加工品がかなり褐色がかった色調に変色した．この年に限らず，栄養塩が十分であってもそのような現象が起こることがある．

4・2 病虫害と加工

鳴門地区で多く見られるヒラハコケムシなどは原藻段階でも確認でき除去可能である．韓国ワカメや三陸ワカメで見られるタレストリスの噛痕は，原藻段階での確認は不可能ではないが，かなり難しい．湯通しして緑色になると斑点状の痕がはっきりし，クレームの大きな原因となる．そのため，加工場では湯通し塩蔵わかめの選別時に，1枚毎に裏表を確認し，カミソリでタレストリス痕のある部分を除去しているところもある．また三陸北部で数年に1回，突発的に大発生するツリガネムシ（*Ephelota*類）は非常に小さな虫で，少量発生の場合には経験が無い者には見つけることが難しい．しかし，大発生までに約1週間程度と非常に短く，湯通し時に生臭くなるなど感覚的に認知できた時にはもう手の施しようがない状態となる．大発生の要因がまだ掴めていないため

早期発見が大切で，発見時には早期採取で対応している．また中国地区などで見られる斑点状の異常葉で，非常に細かな斑点のものがある．これは原藻段階でも湯通し塩蔵品の選別段階でも発見が難しい．湯通し品を水で戻して，バックの色がワカメの緑色であった場合に，はしか状の斑点が浮かび上がるが，この状態はまさに一般の消費者がワカメのみそ汁やスープを食するときの状況であるので，その認識と除去の方法が今後の課題となっている．

4・3 塩の問題

現在，ワカメの1次加工に使用している塩は天日塩である．日本では主にオーストラリアとメキシコ，韓国では主にオーストラリアからの輸入天日塩を粉砕した粉砕塩を，中国では自国産の天日塩を粉砕して使用している．しかし，これら天日塩の中には高度好塩菌という細菌が存在している．病原菌ではないため，人の健康を害することはないが，高温に長時間置かれると増殖し臭気を発することがある．その対策として，高度好塩菌の存在しない，電気分解塩あるいはイオン交換膜塩を使用しての1次加工の試みが行なわれているが，価格の問題や戻し後のボリューム感がなくなるなどの問題があり，まだ実用化には至っていない．

4・4 異物の問題

ワカメに限らず，海産物の乾燥品は異物が多い．図2・3は当社で購入した湯通し塩蔵わかめが当社の選別工程でどれだけとれているかを図にした，異物精算図である．

わかめの異物で圧倒的に多いのはエビ類（ヨコエビ，ワレカラ類を含む）で全体の半数以上である．次いでシオグサなどの海藻が多いが，その他，養殖物に特異的な異物もある．それは，緑色および灰色のビニール糸で，中国わかめに多い．これは養殖する際のロープが長年の使用のため毛羽立って，収穫時に葉体と一緒に混入したものである．また，1次加工用の塩の袋に塩蔵わかめを入れて脱水に使用する場合が多く，そのほつれた白いビニール片の混入が多い．緑色のビニール糸および緑藻のシオグサは色調，比重，形状が湯通し塩蔵わかめとほぼ一緒のため，機械的選別が難しく，人手による選別に頼っている現状である．中国の場合にはロープや陸揚げ用の網の色調や材質が1つであるため，異物混入原因はわかっていても，なかなか是正出来ない現状である．色調のバ

24

残存	コーラス目視	色彩選別機	ロータリーシフター	風力選別機①	風力選別機②	浮遊異物	裁断	目視選別	第2回転籠胴	第1回転籠胴	仕込み	
64個/t 13.54%	20.54個/t 4.35% (24.30%)	2.78個/t 0.59% (3.18%)		19.76個/t 51.86% (100.00%)	190.84個/t 40.37% (68.61%)	7.34個/t 19.26% (27.08%)			3.67個/t 9.63% (11.93%)	7.34個/t 19.26%		髪の毛 38.11個/t
2個/t 2.92%	0.26個/t 0.38% (11.50%)	0.21個/t 0.31% (8.50%)	0.43個/t 0.03% (9.00%)	7.28個/t 10.63% (74.67%)				3.67個/t 0.78% (1.30%)	44.04個/t 9.32% (13.51%)	146.80個/t 31.06%		海草 472.67個/t
				6.76個/t 0.87% (100.00%)	180.96個/t 12.75% (97.43%)				18.35個/t 26.80% (65.3%)	40.37個/t 58.96%		木(竹) 68.47個/t
2個/t 0.14%		2.35個/t 0.17% (54.02%)				0.21個/t 0.01% (0.11%)	3.67個/t 0.26% (3.67%)	3.67個/t 0.47% (35.19%)	190.34個/t 24.55% (94.82%)	576.19個/t 74.11%		わら 777.46個/t
3個/t 2.76%	1.04個/t 0.96% (25.74%)	0.21個/t 0.19% (4.96%)		8.84個/t 8.15% (67.53%)				40.37個/t 2.84% (17.55%)	260.57個/t 18.36% (53.12%)	928.51個/t 65.43%		ビニール 1419.09個/t
									18.35個/t 16.91% (58.37%)	77.07個/t 71.03%		布(糸) 108.51個/t

2. わかめにおける湯通しと品質保持　25

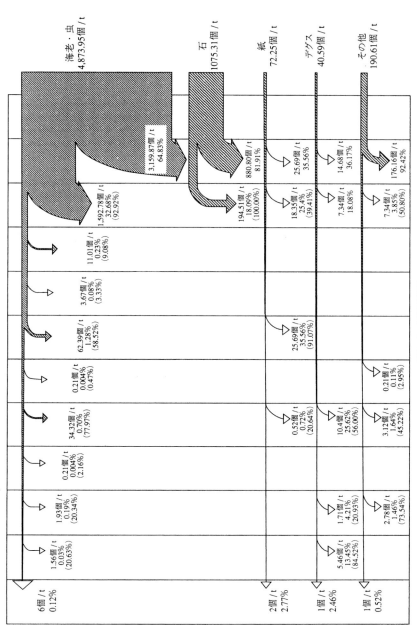

図 2・3　異物精算図

ラエティ化や材質の強化などの国家的改善が望まれる．

§5．湯通し加工と栄養の問題

ワカメはミネラルや食物繊維など有用な栄養成分が多く含まれている食品である．特に素干し品などは原藻そのままであり，海水からのミネラル濃縮作用により，カリウムなどがかなり含まれる．湯通しや洗浄をすることによりカリウムなど水溶性のミネラル・ビタミンなどはかなり少なくなってしまうが，非水溶性のカルシウムやヨウ素は溶出が少ない（表2・2）．

表2・2　各種ワカメの栄養成分　　　　　　　　（mg / 100 g）

製　品	ビタミンB_2	カルシウム	カリウム	ヨウ素
ワカメ原藻（素干し）	1.25	1,100	6,100	22.9
湯通し品（塩蔵前）	0.32	1,500	2,400	13.0
湯通し塩蔵わかめ	0.16	1,000	1,600	13.0
湯通し塩蔵わかめ－湯戻し	0.04	920	240	8.0
乾燥わかめ（カットわかめ）	0.08	630	280	10.8
カットわかめ－湯戻し	0.04	630	57	12.0

（数値は全て無水・無塩物換算値）

また，それらを可食時に湯あるいは水で戻す（ついでながら美味しく食べるにはお湯で2分，水で5分がベストである）と，栄養成分も溶出してしまう．乾燥カットわかめではカリウムがやや低い値を示すが，その他ではほとんど湯通し塩蔵品と変わらない値であった．栄養分の損出が少なく，衛生的で簡便であるカットわかめが，今後もシェアを伸ばすことは予想に難くない．

§6．おわりに

ワカメの加工業者の方々から「ベストなボイル条件は何か」と，よく尋ねられる．地区によりワカメ原藻の厚さや大きさが異なるので，細かな条件は決められないし，また釜の状況なども違うので，「出来るだけ高い温度，短い時間で．但し，均一に熱が通るように」とお答えすることにしている．すると大体の方々は「そんなことは分かっている．それが出来れば苦労しないから聞いているんだ」と返される．実際その通りで，頭ではベストな条件は分かっているのであるが，現場レベルでそれを実践することは並大抵のことではない．

緑色のワカメが一般的になり，一部の人は緑色の正方形のワカメが海を泳いでいると考えている位，現実とは異なったイメージの加工食品となってきた．湯通し塩蔵わかめが「生わかめ」として完全に認知された現在，褐色の磯臭いワカメはますます影が薄くなってゆくのは明らかである．今後，良好な「生わかめ」を作るための「加工方法・加工技術」の確立が必要になってくるという，おかしな時代がやって来るのであろう．

文　献

1) 秋山和夫：ワカメ，食用藻類の栽培（三浦昭雄編），恒星社厚生閣，東京，1992，pp.35-42.
2) 岩崎富生・佐藤純一：ワカメの養殖・加工技術の発展と課題．食品工業，27(2)，28-34 (1984).
3) 徳田　廣・大野正夫・小河久朗：海藻資源養殖学，緑書房，1987, pp.133-144.
4) R. Yamanaka and K. Akiyama：Cultivation and utilization of *Undaria pinnatifida* (wakame) as food. J. Appl. Phycol. 5, 249-253 (1993).

3. こんぶの熟成と品質保持

池 上 淳 子*

§1. 生産・消費の動向

コンブは，大和朝廷成立（3〜5世紀）前後から，神話・神饌に海藻として取り上げられてきた．蝦夷の酋長は朝廷に献上し，また奥羽・陸奥（青森県）では租税として指定されたり，さらに祭りや法会，そして安全祈願のため朝廷から神社，仏寺等へ奉納されたり，仏教信仰のもとで精進料理とともに全国へ広まっていった．その後，細かく刻み，醤油で煮しめて兵食としても利用された．

1957（昭和 32）年に山崎豊子氏による昆布屋を舞台にした小説『暖簾(のれん)』がベストセラーになり，テレビや映画を通じて全国的な昆布ブームが起こり拡大消費されるようになった．しかし，北海道では戦前は 6 万トン（現ロシアを含む），戦後でも 3 万トン近く採れていたコンブだが，近年 2 万トンそこそこという凶作が続いている．海水の温度の上昇や漁家の高齢化によりこの生産量で推移するのではないかと，業者間では危ぶんでいる．

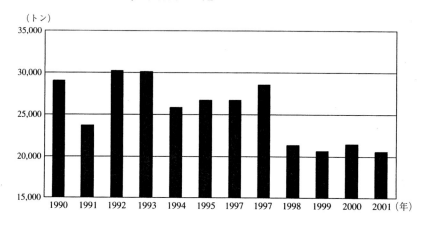

図 3・1　1990 年〜2001 年の北海道コンブの生産量

* 小倉屋株式会社

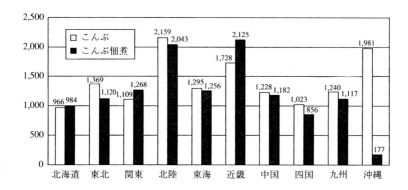

図3・2　こんぶおよびこんぶ佃煮の一世帯当たりの消費金額（2000年度家計調査年報調べ）

§2．コンブの生産と保存の変遷

　従来は海の中でコンブの胞子が自然に石に着床し，そして生育するのに2年の歳月がかかる天然コンブのみであったが，昭和40年代から採苗（種苗）による養殖技術の確立により，生育期間1年の促成養殖コンブと生育期間2年の養殖コンブがコンブ生産量と消費量を飛躍的に伸ばした．しかし，近年は海洋生物に栄養を運ぶ役目を果たしていた山林における土地開発が，海産物の生育に悪影響を及ぼしている．落葉樹の多い山の河川が流れ込んでいる海のコンブは特に美味しいとされている．最近では山林と海洋生物との密接な関係が明らかにされ，植林を行うまでになってきた．しかし，漁村の高齢化が進み生産者人口も減少の傾向にある．

　従来，コンブは海中より採取しその日のうちに干場において乾燥させる方法をとってきた．そして天日乾燥をすることによってコンブ内の成分が様々な科学的変化を起こし，生のままでは無味だったものがやがてコンブ内で旨味が形成される．このようにして，よりおいしいこんぶが出来上がるのである．しかし，近年は多くの浜に共通することではあるが，出来上がりの姿，形，そして価格のよい商品を作ることや作業効率に重要性をおくため機械乾燥が多くなってきている．結果として，熟成に必要とされる「自然の力と時間」が失われた製品が多くなってきているのである．

従来からの自然の摂理に従ったコンブの生産方法はこんぶの熟成という観点から有効な手法であるが，外見から判断される等級の検査においては生産者にとって歓迎されるものではない．従来の生産方法とは，まず天日で干して，コンブを裏返しては両面をまんべんなく太陽光線に当てて均一に乾燥させる，その後巻いたり畳んだりする事を繰り返すことによって旨味が増しコンブは熟成されていく，というものである．しかし，手作業によるこれらの作業工程上，コンブのもっている水分が機械乾燥などに比べて均一ではないために，コンブ同士が重なり合った箇所などは，コンブに含まれる旨味成分（マンニット）によらない表面が白くなる現象が美観を損ない商品価値を下げることとなる．これらのこんぶは等級を決定する時には味の良し悪しに関わらず「白」と称され，ランクが下がるのである．

　これらの事情により，また多くの手間がかかるコンブの生産は近年，後継者問題にも深く関わっているため，機械乾燥が多くなってきた．その機械乾燥は45℃～50℃の温度を保ち2日間かけて乾燥するが，天日とでは熟成のされ方が少し違い，出来上がったこんぶの風味も異なってくる．このように手間のかかったこんぶについて，さらに倉庫での保存条件に注意することによって品質保持ができる．

　昔は北海道から消費地に運ばれてきたこんぶを土で出来た倉庫（土蔵）に入れ，さらに壁に莚（むしろ）をかけて，自然に温度と湿度の調節をしていた．昔から梅雨越しといって梅雨を1回越した（1年）こんぶが一番旨味が出て美味しいとされていた．そのため，代々老舗は2年分くらいのこんぶを常に蔵に保存している．

　最近では，低温倉庫によって常に15℃～18℃，湿度40％～60％で保管しているが，この方法ではよほど上質のこんぶでないとコストのかかり過ぎにつながる．上質のこんぶほどさらに価格が高くなってゆくわけである．

　こんぶは何回も人の手を添える事によって熟成度が増してくるが，生産費に占める人件費比率が上がるばかりで，今後はできるだけ手間をかけず高効率化することや，ローコスト化を実現することが私たちに与えられている課題である．

§3. こんぶの種類について

こんぶの主な生産地は北海道と東北であるが北海道が約9割を誇る．また，わが国で消費されるこんぶには主として北海道産（下記の5種類），青森県，岩手県，宮城県および輸入こんぶ（中国産，韓国産，ロシア産）がある．

a）真こんぶ

松前から函館，恵山岬を経て室蘭東部に至る沿岸で採取される．上品な味わいで清澄な濁りのない出しが取れる．肉質部分が多く，皮や芯の少ないコンブなので，出しこんぶ以外に高級塩こんぶやおぼろこんぶの材料としても好まれる．

b）利尻こんぶ

採取された場所によって「利尻産」「稚内産」「天塩産」の3つに区分される．黒褐色で，真こんぶに比べると堅い感じがある．また，実際に肉質も堅く，削っても変色しにくいため出し用としてはもちろん，高級おぼろこんぶ，とろろこんぶにも向いている．出しの特徴としては清澄かつ特有の芳香がある．

c）日高こんぶ

門別（日高支庁）から襟裳岬を経て，広尾にかけて採取される．濃緑，黒褐色を帯びている．葉筋が柔らかいので煮上がりが早く，煮こんぶ（早煮こんぶ，こんぶ巻），佃煮こんぶ，家庭用出しこんぶなどに向いている．

d）羅臼こんぶ

知床半島の南側の羅臼町沿岸のみに着生，採取され，オホーツク海側では採取されないため産地名で呼ばれることが多い．特徴は葉幅が広く肉薄なことである．羅臼こんぶに限っては，肉厚なものより肉薄なものが良質とされる．

出しに使うと濁りやすいが，黄色みを帯びた風味の濃い，コクのある出しがとれる．良質のものは香りが非常に良く口当たりも良いので，真こんぶと並ぶ高級品となっている．

e）釧路，根室こんぶ

釧路から厚岸，落石，根室までの沿岸で採取される．佃煮の原料，家庭用の煮こんぶ，おでんこんぶとして使われる．また一般のコンブ採取より少し早い5～6月頃に採取する棹前こんぶは，沖縄や台湾などで野菜や豚肉と一緒に煮て食されている．採れる浜によって，原藻に含まれる水分や塩分が異なり，煮

た時の調味液の入り方が異なる．

§4．こんぶの熟成と品質保持

昔からの塩こんぶの加工工程（直火釜の煮き方）およびおぼろこんぶ・とろろこんぶの製造法について紹介する．特に大阪で好まれて消費されており，大阪の特産品としても有名である．使われるこんぶは，北海道は道南産の真こんぶが最もポピュラーで，高級こんぶの老舗の味として全国に知られている．

①こんぶの耳を裁つ（煮る時に火が均一にまわるようにこんぶの厚みを揃える）
②角切りにする
③砂取り機を通す
④大きさを選別する
⑤漬け前をする〔醸造酢に浸すことでこんぶの繊維を柔らかくし加工しやすくする〕
⑥溜まり醤油，水，砂糖，調味料等を加えて，微妙な火加減によって6時間じっくり煮る

図3・3 塩こんぶの加工工程．こんぶの角切りをする（左上），角切りしたこんぶを大きな別に分ける（右上），溜り醤油，砂糖，調味料などとともにじっくり煮る（左下），一晩熱で含め煮をする（右下）

⑦一晩余熱で含め煮をする

次に，昔からのおぼろこんぶ・とろろこんぶの製造法について述べる．

①こんぶを醸造酢溶液に 3～5 分間浸す（こんぶを柔軟にしてその後の加工をしやすくする：漬け前）．また，酢の種類によって保存性も高まり同時にこんぶの風味を向上させる．

②ブラシをかけて（掃き前）3 日間ねかせる．

③苦味のある表面の黒い部分を削る（さらえ）と黒っぽい灰色の部分が出てくる．この部分を削ることで黒おぼろこんぶが得られる．

④15 日間程熟成させてからその後，酸味を飛ばすことによりこんぶの内から旨味が出てくる．この状態のこんぶを削ることによって美味しいおぼろこんぶが出来上がる（この工程はオリジナル）．

近年コンブは環境の変化（潮位の変化，海水温度の変化，気候の変化）にともない，コンブ自身のもつ塩分濃度が変化している．そのため，従来と同じレシピでは常に同じ製品を作ることができなくなってきている．

§5. 食品の安全性確保と衛生管理

近年こんぶ製品についても，塩分の抑えられた味，そして柔らかい食感が求められる傾向にあるため，保存性の確保，すなわち食品の安定性の確保には十分な配慮が必要になってきている．さらに，相反することではあるが，人工的な保存料，着色料，添加物を嫌う傾向にもある．したがって，加工場においては以下のことに注意しなければならない．

①施設，機械などの衛生管理

②食品に接触する設備，機械器具類の衛生管理

③従業員の衛生管理

④食品の衛生的取り扱い（常温または冷蔵庫での原材料の保管の仕方）

⑤施設設備・機械器具類の保守・点検

⑥防鼠，防虫についての予防および点検

⑦使用水の衛生管理（貯水槽および井戸の場合）

⑧排水および廃棄物の衛生管理

⑨従業員の衛生教育

⑩製品などの試験検査に用いる用具の保守点検
⑪クレームへの対応

　上記のことに対する記録簿または点検表を毎日または適宜作成し，確実に実践されるようにすることが重要である．どのように製造環境が変化したとしても製品は人間の手によって作られるものである．根幹に流れる食品に対する意識の重要さを，最近特に感じている次第である．

4. のりの品質保持包装の現状と今後

平田　孝*

　今日，食品の流通システムは極めて高度化しているが，そのシステムを支えている技術の一つが包装である．包装されていない食品はないといっても過言ではなく，のりも例外ではない．食生活の高度化に伴い，のりについても差別化，多様化が顕著であり，包装形態の面からもさまざまな製品が開発されている．現在では流通量はきわめて少なくなってしまったが，乾のりでは全形品をプラスチック容器で包装した製品が多い．一方，現在流通の主体となっている製品は焼のりおよび味付のりであるが，その包装形態は極めて多様である．全形から12枚切りの各種サイズの製品を金属やガラスあるいはプラスチック容器詰めしたもの，ポーションパック品を多重包装したもの，消費者へのアピールのためと形の崩れを防止するためプラスチックトレーに載せて包装したものなどである．開封後に再密閉ができるチャック付きの包装容器も使用されている．しかしこれらの包装に用いられている包装材料と品質保持包装設計の基本は，乾のりにおいて確立された考え方をそのまま転用しているのが現状である．
　現在，食品の品質保持に用いられる包装材料の選択基準は，二つの点で大きく転換しつつある．第一に塩素含有包装材料の非塩素系材料への転換である．第二に品質特性に応じた適性包装材料選択の考え方にもとづく選択基準の導入である．一方，前述のごとく，のりの供給は以前の乾のりから焼のりとしての流通へと大きく変化した．これらの新しい情勢をふまえ，のりの品質変化特性をもう一度精査，整理し，適切な包装設計に必要な条件を明らかにしておくことは，上記の新しい情勢に対応していく上で意味のあることである．

§1. 乾のりの品質と貯蔵による変化

　官能的に高い評価を受け，上級品として取り引きされるのりはタンパク質含量が高く，糖質は少ない傾向にある[1]．しかし，どのような品質ののりであれ，

---

* 京都大学大学院農学研究科

貯蔵中に次第に変質し色，艶，香りが低下する．このような品質低下を防止することは重要であるが，その品質低下はどのような機構で進行しているのであろうか．タンパク質や糖質の量は，恐らくほとんど変化がなく一定であると考えられ，品質変化を抑制するには，抑制するべきターゲットをまず明らかにしなければならない．

　貯蔵乾のりの品質も外観，色，味，香り，テクスチャーなどによって決まる．そのうち色，味，香りおよび総合的な品質は相互に高い相関関係を示すが，重回帰分析によれば，貯蔵中の総合的品質の変化に最も大きな影響を及ぼすのは色調の変化である．色調に寄与する成分としてはクロロフィルが最も重要である[*1]．実際，色調の良好な製品は味，香りとも良好であることが多い．したがって，のりの品質保持を考えるとき，その品質指標としては色調あるいはクロロフィル含量を調べることが適切である．次に明らかにしておくべきことは，のりの品質変化を促進する要因は何かということである．水分，温度，酸素，光が主要因と考えられるが，クロロフィルを品質指標に用い，最も重要な要因は水分であることを以下で述べる．

1・1　水分の影響

　火入れ処理をしていない乾のりは，10％以上の水分を含み，極めて変質しやすい．図4・1に乾のりの水分含量を0～15.8％に調整して25℃で貯蔵し，クロロフィルの安定性を調べた結果を示した[2]．水分含量10％以上ではクロロフィルの分解は速やかである．水分含量が低くなるのに伴って，分解速度は著しく減少し，5％以下では3ヶ月以上経過しても極めて安定であることがわかる．

　一方，水分活性を調整した乾のりのカロテノイドの安定性を調べた結果では，最も安定な水分活性は0.1（水分含量4％）前後であり，それより高くなるとクロロフィルと同様に著しく不安定である．さらに，水分活性が0の場合には0.1より不安定である[3]．水分はヒドロペルオキシドを安定化し，各種のラジカル連鎖反応を抑制する作用があるが，恐らく，水分活性0においてはこのような水分の酸化抑制作用が働かないために，カロテノイドの分解が促進されると考えられる．いずれにしても，これらの色素は乾のりの色調ひいては品質を決定する重要な因子であり，その保持が重要であるが，そのためには水分約5％

[*1] 未発表

程度を超えないようにすることが必要である．

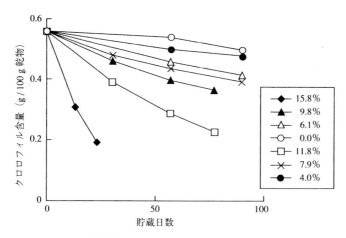

図 4・1　水分を調整した乾のりクロロフィルの 25℃における分解

1・2　温度の影響

貯蔵温度が低いほど各色素の安定性は当然向上する．しかし，火入れをしていない乾のりや吸湿によって 8％以上の水分を有する乾のりは 20℃程度でも品質はかなり不安定であることが経験的にも知られている．図 4・2 は水分 3.0,

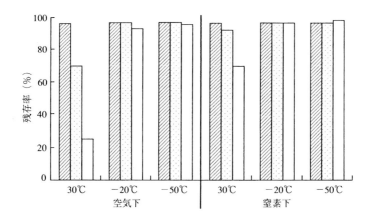

図 4・2　空気下および窒素下で 11ヶ月間貯蔵した乾のりクロロフィル残量
　　　　水分 ▨ 3.0%　▥ 6.3%　☐ 9.1%

6.3，9.1％に調整した乾のりを30℃，-20℃，-50℃に貯蔵した場合のクロロフィルの11ヶ月後の残量である[4]．図によれば，-20℃以下に貯蔵することにより，クロロフィルは非常に安定化され，水分9.1％の含気貯蔵試料においても，11ヶ月後の残存率91.5％を示している．これは，水分3.0％の試料を30℃で貯蔵した場合の残存率にほぼ等しい．したがって，0℃以下の貯蔵は乾のりの品質保持に非常に有効な手段といえる．しかし，現在ののり流通の主体は常温流通であって，低温貯蔵は問屋あるいは加工メーカー段階における品質保持を考える場合に適用可能な技術であり，常温では水分制御が必須である．

1・3 酸素の影響

図4・2には，各温度におけるクロロフィルの貯蔵安定性を窒素置換包装下で検討した結果も示した．30℃においても窒素置換包装によって，クロロフィルの分解がかなり抑制されていることがわかる．しかし水分9.1％の場合には，11ヶ月貯蔵後に約40％の分解が認められ，ここでも水分制御の重要性が明確である．乾のり中のクロロフィルは分解して主にフェオフォルバイドを生成する[3]．クロロフィラーゼ様の酵素作用による分解が示唆されている．この酵素作用は酸素の有無に関わらず進行するため，窒素下でも分解が認められるものと考えられる．一方，窒素下における分解の抑制機構は，酸素によって生成した各種活性酸素種によるクロロフィルへの攻撃がなくなるからであろう．また，酸素を除去すれば，脂溶性成分であるカロテノイドや脂質成分の分解が著しく抑制されるため，分解に伴う変質臭の発生も抑えられると考えられ，水分を制御した上で窒素置換包装を施せば長期の品質保持に一定の効果を期待できる．

1・4 光線の影響

小売店やスーパーマーケットにおける陳列棚では主として蛍光灯による照明が行われている．これらの蛍光灯照射下で乾のりの品質がどのように影響を受けるかについては，系統的な研究はほとんどない．しかし，光線，特に400 nm以下の紫外線がクロロフィルやカロテノイドの分解を促進することが知られている．また，クロロフィルは可視光線により励起し一重項酸素を生成し，その結果脂質酸化が進行する．クロロフィルとともにのりの色調をきめるフィコビリタンパク質は常温における酸素雰囲気下では比較的安定であるが，紫外線によって分解する（図4・3）[5]．すなわち，乾のりでは可視光線から紫外線

までの幅広い波長の光が変質要因となる．したがって，透明フィルムによって包装した場合には直射日光はもとより蛍光灯からの照射も，陳列方法の工夫などで，できるだけ避けるべきであると考えられる．

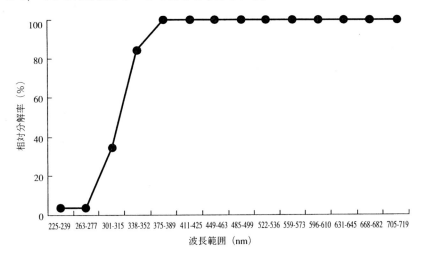

図4・3　ノリのフィコビリタンパク質の光分解に及ぼす照射波長の影響
リン酸緩衝液（pH7）中のフィコシアニンに各種波長を照射した．

§2. のりの包装設計

2・1　防湿包装

これまで述べたように，品質変化に最も大きな影響を与えるのは色素類であり，その安定性には水分が密接に関与している．一方，水分は色素以外にも様々な品質因子に関係し，図 4・4 に示したように，非酵素的褐変は水分活性約 0.2 以下で[6]，中性脂質の酸化も約 0.2 で安定である[7]．これらのことを総合的に判断すると，乾のりの品質を長期に保持するためには，水分活性約 0.1 に保持することが望ましいと結論できる．水分含量では 4～5% に相当する．

上記の水分を長期間完全に維持するため，包装材料には主として金属缶，あるいはアルミニウム積層フィルムが用いられている．これらの包装容器では，開封しなければ製品水分は一定であり，乾燥剤の封入は不要である．しかし，開封後の水分保持のためにシリカゲルや酸化カルシウム（生石灰）などの乾燥

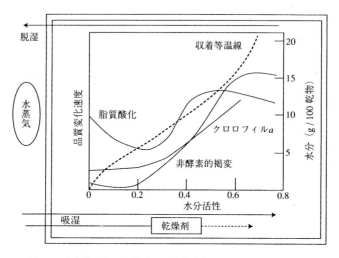

図4・4 包装乾のりの吸脱湿と品質変化速度に及ぼす水分活性の影響

剤が同封されている．

　透明包装材料としてはポリプロピレンなどの防湿特性を利用した積層フィルムが主体である．これらのフィルムは通常 5g / m² ・24 時（JIS Z0208）程度の透湿性があり，十分な包装設計を行わないと吸湿による変質が進行する．このため，現在のりの包装設計は大まかな目安をもとに，安全マージンを大きくとった条件が採用されている．しかし，近年被包装食品の品質安定性や必要とされるシェルフライフ，流通環境などを総合的に考慮し，必要十分な包装材料や乾燥剤を利用するという，適正包装材料選択の考えが広まってきた．のりにおいても最も安定的に品質保持が可能な適正水分活性を維持するために，その吸湿特性や包装材料の透湿度をパラメータとした最適包装設計プログラムが開発され，適正包装が可能になってきた[2]．

　これらのプログラムを用いて，市販されている透明フィルムで包装した場合の乾のりの吸湿を計算してみる．初発水分 3 g / 100 g 乾物の全形乾のり 10 枚（約 27 g）を 22×20 cm のポリプロピレン積層フィルム（透湿度 5×10⁷g / m²・24 時・Pa）で包装し，相対湿度 75％，温度 25℃で貯蔵するとする．水分 6 g / 100 g 乾物になるのに要する時間はわずか 12 日程度であり，適切な防湿包装を行わないと速やかに変質が進行すると考えられる．このような急速な吸湿の

防止ため，従来は過剰な乾燥剤封入が不可欠とされてきた．一方，図4・5は我々が開発したプログラムを用いて最適水分を維持する包装条件を求め，それをもとに貯蔵試験を行った結果である．水分は約4%に保持され，クロロフィルの分解も十分に抑制されている．このような包装設計は，品質の維持に効果的であるだけでなく，乾燥剤や包装材料の過剰な使用を抑えることもできるため，より広い活用が望まれる．

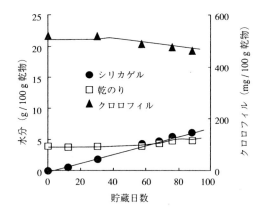

図4・5 シリカゲルを同封した包装乾のりの水分とクロロフィルの変化
乾のり，シリカゲルともに包装材料の最適透湿度および最適充填量をシミュレーションにより求め，相対湿度75%，25℃で貯蔵した乾のりの実測値と比較した．
▲，●，□：実測値，——：計算値

§3. 新しい包装材料

前述のように，脂質の酸化とそれに伴うクロロフィル等の分解や風味の変化抑制のために窒素置換包装が行われている．窒素置換包装にはガス遮断性の包装材料が用いられるが，近年，塩素含有プラスチックの焼却により生成するダイオキシン類が重要な環境汚染物質となることが懸念され，非塩素系のガス遮断性材料に置き換わりつつある．また，アルミ箔積層フィルムも広く用いられているが，再利用のしにくさや焼却残滓の問題から代替材料利用の必要性が指摘されている．これらの問題点には異論も多く，環境への真の負荷レベルは十分に検討を続けて明らかにする必要があると考えられるが，現実には「脱塩素」，「脱アルミ」包装材料への転換は着実に進行している．エチレンビニルアルコール共重合体，無機物蒸着フィルム，ポリビニルアルコールコートフィルム，MXDポリアミドなどの高バリアー性包装材料が代替品として急速に普及しつつある．非塩素系包装材料として需要の増大しているこれらフィルム包装材料の特性は以下のようである．

ポリビニルアルコールコートフィルム：このフィルムの酸素透過性は基本的に湿度依存性が高い．すなわち，低湿度下ではバリアー性が高いが，高湿度ではバリアー性は顕著に低下する．したがって，ポリエチレンなどをラミネートし，湿度の影響を抑制している．のりなどの乾燥食品の包装には適している．

シリカ蒸着フィルム：SiOx を加熱や電子線によって昇華させ，プラスチック上に蒸着したフィルムである．基材フィルムとしてはポリプロピレン，ポリアミド，ポリエステルが使われ，従来ポリ塩化ビニリデンコートされてきたいずれのフィルムにも蒸着可能となっている．酸素遮断性も良好で，チョコレートなどのスナック類の包装をはじめとして用途が広がっている．なお，シリカを蒸着する方法として，上述の物理的方法の他にも耐クラック性等に優れる化学的方法も開発されている．

MXD ポリアミド：芳香族を有するメタキシレンジアミンとアジピン酸との共重合化合物であり，優れたガス遮断性を有する．漬物類やスープ，レトルト食品，各種総菜など，高水分食品に対する用途が広がっている．

エチレンビニルアルコール共重合体：エチレンビニルアルコール共重合体をバリアー層とし，ポリエチレンやナイロンと共押し出ししたフィルムである．

のりの包装においてもこれらの新しい材料の導入を検討していく必要があろう．図4・6にこれら新しい包装材料の酸素透過性と水蒸気透過性を示した．図のように，アルミ箔積層フィルムは酸素透過度，透湿度ともに 0 であるが，これら新しい包装材料は多少とも透過性がある．しかし，前述のように，必ずしもガス遮断性は完全である必要はなく，流通条件に応じた必要十分な遮断性を有していればよい．包装設計プログラムを活用して，最も効果的な包装材料を選択することが望まれる．

§4. 焼のりの品質と包装

これまで述べてきた品質変化の要因，適正包装設計法などは全て乾のりを用いて得られたデータを基にしている．しかし，現在では乾のりの流通量は極めてわずかであり，大部分は焼のりもしくは味付のりとして流通している．したがって，流通形態を考慮した場合，焼のりについて改めてデータの蓄積をはかり最適包装設計を行わなければならない．残念ながら焼のりの安定性について

検討したデータは極めて少ないが，焼のりは乾のりに比べて許容水分範囲が狭いようであり[8]，防湿包装には乾のり以上の厳密な設計が必要と考えられる．

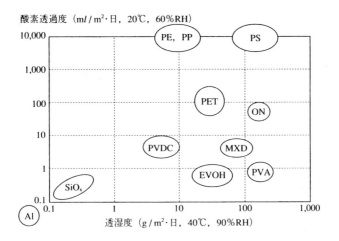

図4・6　各種フィルムの酸素透過度と透湿度
Al：アルミ箔積層フィルム，SiO$_2$：シリカ蒸着フィルム，PVDC：ポリ塩化ビニリデン，EVOH：エチレンビニルアルコール共重合体，MXD：MXDポリアミド，PVA：ポリビニルアルコール，PET：ポリエステル，PE：ポリエチレン，PP：ポリプロピレン，PS：ポリスチレン

また，焼のりの価値は，焼き工程で発生するピラジン類などによる焙焼臭にあるが[9]，これら焼のり特有の風味成分が貯蔵中にどのように変動するかについてはほとんど明らかではない．プラスチック包装容器はその最も内側の層に熱シール性を有するオレフィン系プラスチックが用いられているが，これらの材料は疎水性化合物を収着し易い．図4・7に焼のり香成分の熱シール層への収着現象を模式的に示した．すなわち，アルミニウム箔積層容器を用いた場合，容器外への香り成分の拡散は防止できるが，熱シール層への収着は防げない．焼きたての香りの維持に必要な包装材料に

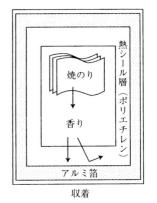

図4・7　包装容器の熱シール層による焼のり香気成分の収着

ついての検討が必要であろう．現在，疎水性揮発性化合物を収着しにくい熱シール層として，ポリエステル，エチレンビニルアルコール共重合物などが開発されており，これらの焼のり包装への適用可能性の評価が一つの答えになると考えられる．

§5. もう一つの品質と包装

のりは「体によい」食品として広く受け入れられてきたが，「体によい」成分としてはアスコルビン酸，トコフェロールやポルフィランなどの食物繊維などに焦点が絞られていた．最近，ノリ色素のフィコビリタンパク質に強い抗酸化活性，抗炎症性，血小板凝集阻害活性などがあることが明らかになった[10]．また，ノリタンパク質のペプシン分解ペプチドの血圧調整作用なども報告されるなど，機能活性についての研究も始まっている．さらに，高分子成分だけでなく低分子成分についてもポルフィラ334やシノリンなどの紫外線吸収物質などの機能が明らかにされている．これらも重要なのりの品質構成要素であるが，その機能保持について必要な情報はほとんどない．これらの保持を目的とした包装設計も行われていない．

栄養機能成分や嗜好機能成分の研究でそうであったように，新しい機能性成分が探索され，その分布が調べられた後，それに続く研究ターゲットはその安定的な保持条件の確立になると考えられる．包装設計の重要性が今後もクローズアップされることになると考えられる所以である．

文献

1) 岩元睦夫・平田　孝・鈴木忠直・魚住　純・石谷孝佑：近赤外スペクトル法による乾のりの品質の評価，日食工誌，30, 397-403 (1983)

2) T. Hirata, T. Ishitani : Simulation of Moisture and Chlorophyll Changes in Dried Laver in a Desiccant-enclosing Packaging System., J. Jpn. Soc. Food Sci. Technol., 32, 266-273 (1985)

3) 荒木　繁・小川廣男・大房　剛・上野順士・斉藤　実・今吉純司・鹿山　光：各種水分活性下における乾しのり中の色素成分の変化，日水誌，48, 647-651 (1982)

4) 平田　孝・石谷孝佑・山田　毅：乾のりの品質保持に及ぼす低温貯蔵，雰囲気，ガス組成，水分の影響，日食工誌，31, 272-277 (1984)

5) 平田　孝：光劣化防止と包装材料，食品の光劣化防止技術（津志田藤二郎，寺尾純二，平田　孝編）サイエンスフォーラム，2001, pp.139-152

6) 小川廣男・荒木　繁・大房　剛・鹿山　光：

乾しのりの褐変, 日水誌, 51, 433-438 (1985)
7) 鹿山 光・今吉純司・荒木 繁・小川廣男・大房 剛・上野順士・斉藤 実：各種水分活性下における乾しのり脂質の変化, 日水誌, 49, 793 (1983)
8) 荒木 繁・馬家海・小川廣男・大房 剛・鹿山 光：焼き海苔の保蔵における水分と温度の影響, 日水誌, 51, 1109-1114 (1985)
9) 笠原賀代子・船越純子・西堀幸吉：GC-MS分析による焼海苔香気成分の同定, 日水誌, 52, 751-754 (1986)
10) T. Hirata・H. Iida・M. Tanaka・M. Ooike, T. Tsunomura・M. Sakaguchi：Bioregulatory functions of biliproteins and phycobilins from algae, Proceedings of International Commemorative Symposium (70th Anniversary of the Japanese Society of Fisheries Science), Yokohama, in press.

5. のりの高付加価値加工方法の開発

大 住 幸 寛*

　日本人が古くからのりを食べていたことは，古文書に「乃利」と記されていることからも明らかである．のりの一般的な製品形態である板のりが開発されたのは，17世紀半ばに江戸前の地先で粗朶ひびをもちいたノリ養殖が開始された時期の前後とされ，大森堀之内の初代野口六郎左衛門が板のりの製法を開発したとされている[1]．のりは，水分を含んだ状態での保存性が著しく劣り，常温はむろん，冷蔵や冷凍保管しても食用に耐えうる状態を長時間保つのは難しい．しかし，乾燥した場合の保存性は極めて高く，とくに板のりのように均一に乾燥した場合には顕著である．板のりは，のりの長期保存と広範囲な流通を可能にし，のりの高付加価値をもたらした最初の加工方法である．板のりが考案されて今日に至るまで約350年を経ているが，依然，のりの加工方法の主流は板のりであり，それを加工した焼のりや味付のりといった食品は，のりの代名詞になっている．さらに，板のりは，のり巻きやおむすびといった日本の食文化を代表するメニューを生みだし，今日の多様な食生活に使われるきわめて多種な食材のなかでも重要な地位を保っている．一方，食生活の多様化は，おいしさはもとより，彩りの変化や健康面での価値を求めるようにもなり，のりも品質の向上，のりの新しい加工方法や食べ方の提案や健康面を追及した利用技術の開発などが試みられ，板のりの形態にとらわれない，加工利用がおこなわれつつある．本稿では，板のりという優れたのり加工方法を再認識するとともに未だ解決あるいは解明されていない点を明らかにしていくとともに，板のりの形態にとらわれない新しい加工方法や健康面などを追求した利用について紹介し，のりの高付加価値加工を進めていくうえで問題となる点を探りたい．

§1．板のりの高付加価値化
1・1　板のりの規格

---

* 株式会社　白子

板のりは，1枚当たり，19×21 cm かつ3 g を基準に製造され，とくに重量については，穴の有無といった見た目の品質と食べたときのおいしさに密接に関係するため，等級格付けの重要な要素となっている．重量に全国統一の基準はなく，各県で基準はまちまちである．かつては，2.7～3.0 g を基準とし，それ以下を軽等級，それ以上を重等級とすることが多かったが，近年は，基準が重くなってきている．

その背景には，のり単品で販売される焼のりや味付のりといった贈答および家庭用の需要が減少し，あらかじめのり巻きやおむすびに加工されて販売される場合が多くなったことがある．すなわち，穴あきによるごはんの「こぼれ」や「見た目の悪さ」が問題視されるようになり，穴があかないようにのりをより細かく刻み，厚く抄くようになっているためである．一方，薄く抄いた板のりは，厚く抄いたものより，水中でのノリ葉体の剥離時間が早く，薄抄きののりは歯切れがよく食感がよいとされる[2]．したがって，板のりが近年重くなってきていることは，食品としてのおいしさの面で必ずしも望ましい方向ではなく，今後，「おいしさ」という付加価値を考慮した規格基準を生産者や流通業者が研究し，消費者に啓蒙していく必要があると思う．

1・2　板のりの保管方法

窒素ガス置換保管

板のりは，抄製乾燥時には，おおよそ8～10%の水分を含んでおり，そのままでは，常温での長期保存に耐えない．そこで，業界では，「火入れ」と称して，60～90℃の熱風で再乾燥し，板のりの水分をおおよそ4%以下に低下させて常温で密封保存する方法が広く用いられている．おおよそ水分が4%以下に低下したのりの水分活性値は0.1以下と極めて低く，品質劣化しにくいと思われがちである．しかしながら，のりに多く含まれる親水性成分のアスコルビン酸は，20℃で9ヶ月保管した場合，約20%の減少が見られ，疎水性成分のカロテノイドは，同様の条件で保管した場合，約10%の減少が見られた[3]．このことから，板のりの保管において通常行われる火入れ後の密封保管では，今日の高品質指向に耐えうる製品作りには，やや不満があった．そこで，岩城ら[4]は，すでに茶葉やコーヒー豆の保管において実用化され，風味の維持に効果があるとされていた窒素ガス置換包装を火入れした板のりの保管に応用し，板のりの

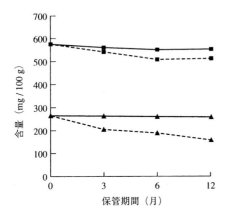

図5・1 火入れのりの室温保管におけるクロロフィルおよびカロテノイド含量の変化[4]
■；クロロフィル含量，▲；カロテノイド含量，—；窒素置換包装，--；含気保管.

重要な品質要素である色素成分のクロロフィル，カロテノイド，フィコエリスリンおよびフィコシアニンの挙動を調べた．その結果，図5・1に示すように焼のりの色調に重要な要素である緑色色素のクロロフィルと黄色色素のカロテノイドの減少は，窒素ガス置換包装の方が含空気包装にくらべて少なく，有効性が確認された．また，Osumiら[5]は，火入れ後に窒素ガス置換して保管した場合の板のりの香気成分に含まれる含硫化合物の変動について調べた．含硫化合物のうち，硫化水素は乾のりの香り，ジメチルスルフィドは海藻の香り，メチルメルカプタンは生臭い香りをそれぞれ想像させ，いずれも板のりの香りを構成する重要な成分と考えられる．硫化水素は，通常の密封保管では初発香気量から減少していくのに対して，窒素ガス充填包装の香気量は殆ど変化しなかった（図5・2）．ジメチルスルフィドは密封保管で減少したが，窒素ガス置換包装の香気量は増加傾向を示した（図5・3）．メチルメルカプタンは通常の密封保管で顕著な増加傾向を示したが，窒素ガス置換保管で殆ど変化しなかった（図5・4）．飯田ら[6]が，のりの品質劣化とともにメチルメルカプタン量が増加する傾向があると報告していることからも，板のりの窒素ガス置換保管の品質維持に対する効果は有効であ

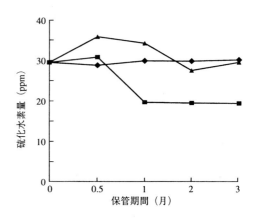

図5・2 25℃保管における硫化水素量の変化[5]
◆；窒素置換保管，■；含気保管，
▲；脱酸素剤封入保管

5. のりの高付加価値加工方法の開発

るといえる．さらに，Harada ら[7]は，板のりの窒素ガス置換包装保管した場合の遊離アミノ酸の変動について調べているが，火入れ後の低水分の板のりの密封保管と窒素ガス置換保管における違いは見いだされなかった．従来よりおこなわれてきた密封保管する方法では，品質が経時的に劣化していくことが避けられない．しかし，窒素ガス置換包装は，火入れ直後の色調を良好に維持するといった品質保持にとどまらず，ジメチルスルフィド量の増加に見られるように香りの望ましい変化も期待できることから，風味の向上という付加価値の賦与ができると考えられる．板のりの窒素置換ガス保管は冷凍設備などの設備が不要で，保管中のエネルギーコストも殆どかからないなどの経済的利点があり，一部ののり加工業者により実用化されている．

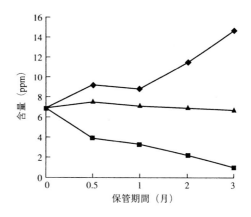

図5・3 25℃保管におけるジメチルスルフィド含量の変化[5]
◆；窒素置換保管，▲；脱酸素剤封入保管，■；含気保管．

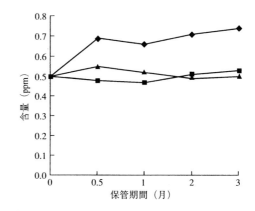

図5・4 25℃保管におけるメチルメルカプタン含量の変化[5]
◆；窒素保管，▲；脱酸素剤封入保管，■；含気保管．

脱酸素剤封入保管

脱酸素剤は，鉄などの無機化合物やアスコルビン酸などの有機化合物の酸化反応を利用して包装容器内の酸素を吸収することで，無酸素の状態をつくりだす食品の品質保持を目的とした製剤である．Osumi ら[5]は，板のりを脱酸素

剤封入保管した場合の香気成分の変化を含硫化合物について調べた．含硫化合物のうち，硫化水素量は密封保管で経時的に減少していくのに対して，脱酸素剤封入保管では，殆ど変化しない（図5・2）．ジメチルスルフィド量は密封保管で経時的に減少していくのに対して，脱酸素剤封入包装では殆ど変化せず，窒素ガス置換包装とは異なる挙動を示した（図5・3）．メチルメルカプタン量は密封保管で増加傾向を示したが，脱酸素剤封入でわずかに減少傾向を示した（図5・4）．脱酸素剤封入保管は，板のりとともに製剤を封入するだけで無酸素状態をつくることができ，設備を必要としないなどの利点があるが，脱酸素剤の価格が比較的高価であるなどの問題点もある．

低温保管

板のりを常温で保管する以外の方法として，-20℃の低温保管が品質維持に有効であるとする土屋ら[8]の報告以降，火入れせずに-20℃程度で保管したり，火入れ後，0~5℃程度の温度域で密封保管するなどの低温保管が行われている．岩城ら[4]は，-35℃および-15℃で低温保管した場合の色素成分の変化を調べた．その結果，乾のり保存中の変色原因に大きく関与するカロテノイド系色素は，いずれの低温域でも20℃で窒素ガス置換保管した場合と同様に殆ど変化しなかった．一方，Haradaら[7]は，水分4.5%の乾のりを-30℃，5℃，25℃および40℃で保管したときの主要な遊離アミノ酸量の変化を調べた．その結果，-30℃および5℃の低温では25℃保管に対して，のりの旨味に関与するグルタミン酸と甘味に関与するアラニンが減少する傾向を示した（図5・5，5・6）．西野[9]は，水分8%程度の火入れ前ののりの-25℃以下の冷凍保管を「板のり中に含まれる酵素活動を休止させ，品質の劣化を防ぐ方法」であると定義づけ，解凍から加工までの時間によっては酵素の活動が活発となり，酵素による

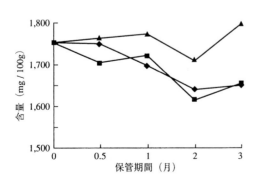

図5・5　保管温度の違いによる遊離グルタミン酸含量の変化[7]
　　　　—▲—；25℃保管，—■—；5℃保管，—◆—；-30℃保管．

自己消化で品質の劣化をひきおこすことがあるとしている．冷凍保管時の凍結条件，保管条件および解凍条件などは，板のりの酵素による化学的変化，氷結晶の生成や結露といった物理的問題を含めて，低温保管時の品質変化にかかわることが予想される．しかし，変化の状況やそのメカニズムは殆ど解明されておらず，近年普及しつつある板のりの冷凍保管方法は一様でない．冷凍保管された板のりの品質維持あるいは品質の変化を逆手にとった品質面での高付加価値化の技術的確立は，今後の課題である．

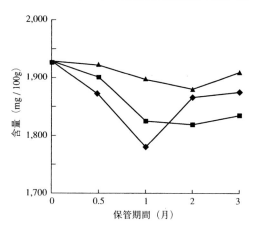

図5・6　保管温度の違いによる遊離アラニン含量の変化[7]．
　▲；25℃保管，　◆；5℃保管，
　■；−30℃保管．

§2. 板のり以外の高付加価値加工技術

　水分を多量に含んだノリは，付着細菌や自己消化によって，急速に変敗が進行する．また，水を大量に含んだノリは，葉体どうしが付着してブロック状態を形成すると乾燥が均一におこなわれず，中心部に水分が残って品質低下をおこしやすい．その点，板のりは，薄くかつ均一な厚さに処理するため，短時間かつ均一に乾燥が完了することから高品質の製品が得られる．近年は，消費者の自然食品指向が強くなってきているため，荒く切断したノリを洗浄，脱水し，さらにノリどうしの付着を軽減するためにほぐし処理後，熱風乾燥した「バラ干しのり」が市場に出回っている．また，バラ干しのり同様に処理したのち，ノリを凍結し，次いで真空チャンバー内で加熱して水分を昇華させて乾燥する凍結乾燥法を用いた，いわゆる「凍結乾燥のり」も製品化されている．凍結乾燥のりは，収縮などの形状変化や退色などの品質劣化が殆ど見られず，板のりにくらべて表5・1に示すように香りが強く，アスコルビン酸量も多く検出されることなどから，形状のみならず，風味や栄養面でも高付加価値性の高いのり

製品といえる．現在，凍結乾燥のりは，茶漬け，ふりかけやスープといった加工食品に多用されているが，乾燥時のエネルギー消費量が大きいために加工コストが高価になる問題点があり，加工コスト低減をはかるために，加工適性に優れた原料選択や効率的な凍結乾燥技術の開発が行われている．

表5・1 凍結乾燥のりの各種成分量

	凍結乾燥のり	板のり
硫化水素	62.4	32.3
ジメチルスルフィド	39.6	16.2
メチルメルカプタン	0.6	0.4
アスコルビン酸	121.6	82.1

（各香気成分量：ppm，アスコルビン酸量：mg / 100 g）

§3. ノリ由来機能性成分の利用

3・1 タンパク質

わが国で養殖され，加工された板のりは，粗タンパク質を約40％含み，海の大豆ともいわれ，栄養的に価値のある食品である．また，Renら[10]は，ノリを含む多種類の海藻をラットに与え，血清中のコレステロール，中性脂質の減少や血圧低下作用を調べ，ノリにこれらの生理活性機能があることを明らかにした．ところで，生体内にはレニン-アンジオテンシン系と呼ばれる血圧調節機能が存在する．アンジオテンシンⅠからアンジオテンシンⅡに変換する酵素活性を阻害して血圧を調節できることが知られ，カゼイン[11]やゼラチン[12]などのタンパク質を分解して得られるペプチドに酵素活性を阻害する作用が認められている．Suetsuna[13]は，ノリを煮沸して多糖類を除去した残さにブタ粘膜由来のペプシンを作用させて得られた分解物をDowex50, Sephadex G-25およびSephadex C-25で分画した．次いで，アンジオテンシンⅠ変換酵素（ACE）の阻害活性が見いだされた画分をODSカラムで分離し，Ile-Tyr, Met-Lys-Tyr, Leu-Arg-TyrおよびAla-Lys-Tyr-Ser-Tyrの4つのペプチドを単離し，この中で最も強い阻害活性が得られたのはAla-Lys-Tyr-Ser-Tyrであることを認めた．斉藤ら[14]は，これらのACE阻害ペプチドを高血圧自然発症ラットに単回経口投与（300 mg / kg）したところ，Ala-Lys-Tyr-Ser-Tyr投与群で収縮期血圧および拡張期血圧，Met-Lys-Tyr投与群で拡張期血圧が

有意に低下することを見いだした(図5・7).ノリのペプシン分解物を高血圧自然発症ラットに28日間投与したところ,1%混餌投与群において,14および21日目に対象群に対して収縮期血圧の有意の低下を見た(図5・8).さらに,斉藤ら[15]は,ノリのペプシン分解物を93名のヒトボランティアに摂取してもらい血圧の変化を調べている.高血圧者群(収縮期平均値157.9±14.4 mmHg,拡張期平均値95.1±11.1mmHg,n=64)は,1日当たり0.8 gあるいは1.8 g摂取したところ,摂取35日目に収縮期平均値142.3±16.0 mmHg,拡張期平均値86.8±10.3 mmHgに低下した.一方,正常血圧者群(収縮期平均値

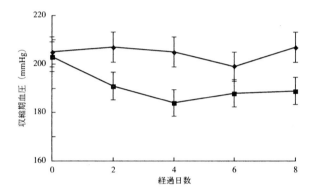

図5・7 高血圧自然発症ラットへの単回投与による収縮期血圧の変化[14]
　　　◆;対照群,■;Ala-Lys-Tyr-Ser-Tyr投与群.

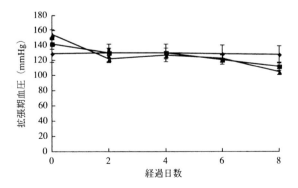

図5・8 高血圧自然発症ラットへの単回投与による拡張期血圧の変化[14]
　　　◆;対照群,■;Ala-Lys-Tyr-Ser-Tyr投与群,
　　　▲;Met-Lys-Tyr投与群.

125.2±10.5 mmHg，拡張期平均値 80.2±9.4 mmHg，n=26）は，摂取 35 日目に収縮期平均値 118.0±15 mmHg，拡張期平均値 76.6 mmHg を示し，高血圧者群より小幅の低下にとどまった．萩野[16]は，ヒトから採取した胃液で，ノリからアンジオテンシン阻害活性を有するペプチドが生成することを確認した．ノリは食物繊維を多く含むことから，消化率は必ずしも高いとは言い難く，のりを食べて血圧を下げることは効率的でないとしている．このような観点から，ノリをあらかじめペプシンで分解し，機能性を高めた完全消化型ののり高付加価値製品が数年前に実用化され，人々の健康改善に寄与している．

3・2 糖　質

糖質の構成

　乾のり中の約 45％を占める糖質は，タンパク質と並ぶ主要構成分であり，細胞壁や細胞間充填物質として存在する他，細胞質中に粒状に分布する貯蔵多糖などとして存在する．これらの大部分は，多糖として存在し，物理的性質からマンナンと呼ばれる繊維性多糖類，キシランと呼ばれるヘミセルロース，ポルフィランと呼ばれる粘質多糖および紅藻デンプンと呼ばれる貯蔵多糖に分類される．これらの多糖類のうち，最も主要な構成分は，乾のり中に約 30％含まれ，細胞壁間に存在する水および熱水可溶性のポルフィランである．ポルフィランは，カンテンの主要構成分であるアガロースに類似するが，より複雑な構造をもったガラクタン硫酸で，D-ガラクトース，3,6-アンヒドロ-L-ガラクトースまたは L-ガラクトース-6-硫酸からなり，アガロースと同様に β-(1→4) と α-(1→3) で交互に結合し，部分的に D-ガラクトースが 6-O-メチルガラクトースに置換された構造をもつ．

ポルフィランの利用

　ポルフィランはノリに多量に含まれることから，さまざまな利用方法が検討され，中国では，檀紫菜（*Porphyra haitanensis*）のポルフィランを脱硫酸化してカンテンが製造されている．小川[17]は，商品価値に乏しい低級品の乾のりを原料としてポルフィランの脱硫酸化によるカンテン製造の諸条件を調べ，乾のりからの収率は 15％未満で，カンテン原藻の収率としては低値にとどまることがわかった．一方，ポルフィランに，血清コレステロール低下作用[10]，血圧低下作用[10]や抗腫瘍活性[10]などの生理作用が見いだされたことから，著者

らはポルフィランを抽出して利用することを試みた．しかし，ポルフィランを水に溶解すると高い粘度を示すために，ポルフィランを高分子のままで利用することは極めて困難であることがわかった．

大住ら[18]は，カンテン工場周辺の土壌より分離した *Arthrobacter* sp. S-22 菌株の産生する菌体外酵素で，ポルフィランを各種硫酸化オリゴ糖などに分解して低粘度化をはかった．さらに，大住ら[19]は，得られた分解物を70％エタノール沈殿，三菱ダイヤイオンHPA-75カラムをもちいた陰イオンクロマトグラフィなどを経て，硫酸化2糖を84％含むOSP1画分，硫酸化4糖を45％含むOSP2画分，さらに高分子の硫酸化糖を主に含むOSP3画分およびネオアガロテトラオースを37％含むNOSP画分に分け，マウスを用いて高コレステロール飼料区と高コレステロール飼料＋ポルフィランおよびそのオリゴ糖投与区に分けて7日間飼育し，血清コレステロールを測定した（表5・2）．総コレステロールは，対照区に対してポルフィラン投与区で90％，オリゴ糖投与画分で67～89％に減少した．高比重リポタンパクコレステロールは，対照区に対してポルフィラン投与区で88％，NOSPを除くオリゴ糖画分で74～89％に減少し，NOSPは103％に増加した．低比重リポタンパクコレステロールは，対照区に対してポルフィラン投与区で91％，オリゴ糖画分で66～79％に減少した．以上のことから，ポルフィランだけでなくそのオリゴ糖にも血清コレステロール低下作用が認められたことから，低分子化してもコレステロール低下作用を維持できることがわかった．さらに，医師のもとで，血清総コレステロール値が高いボランティア6名にポルフィラン酵素分解物を1.8g/日ずつ，12週間摂取してもらったところ，表5・3に示すようにいずれも血清総コレス

表5・2 マウスの血清コレステロールに対するポルフィランおよびそのオリゴ糖の影響[19]

画 分	体重(g)	総コレステロール(mg/dl)	高比重リポタンパクコレステロール(mg/dl)	低比重リポタンパクコレステロール(mg/dl)
対照区	6.1	426.9±37.8	90.9±6.0	336±33.2
NOSP	7.5	339.2±14.8[*1]	93.9±2.0[*2]	264±21.2
OSP3	6.7	366.1±19.9	81.3±5.1	284±18.5
OSP2	6.7	307.6±14.5[*1]	76.1±4.9	225±12.8[*1]
OSP1	5.7	287.7±17.5[*2]	67.2±4.0[*3]	220±18.5[*2]
ポルフィラン	5.0	386.3±25.2	80.0±8.4	306±22.4

[*1]P<0.05，[*2]P<0.01，[*3]P<0.001

テロールと低比重リポタンパクコレステロールが減少した．このことから，ポルフィラン酵素分解物のヒトにおける有用性が確認された[20]．また，エーリッヒ腹水腫瘍および固形腫瘍をマウスに移植し，硫酸化2糖を主要成分とするOSP1画分を腹腔投与し，延命率から抗腫瘍活性を求めた[21]．その結果，エーリッヒ腹水腫瘍では，投与しない対照群に対して，100 mg / kg 投与で126％，150 mg / kg で138％，固形腫瘍では，投与しない対照群に対して，100 mg / kg 投与が152％，150 mg / kg 投与が149％の延命率を示した．Meth-A 固形腫瘍では，100 mg / kg 投与が125％，150 mg / kg が116％で延命率が増大した．Meth-A 固形腫瘍の大きさも10日目には，対照群に対して100 mg / kg 投与で67％，150 mg / kg 投与で71％に減少した．この他，ポルフィラン由来のオリゴ糖には，抗変異原性作用，血管新生抑制作用や免疫賦活活性といった生理的に有用な作用も見いだされており[20]，ポルフィランを低分子化させることで，有用な生理作用と食品素材としての扱いやすさを両立させることができるようになり，今後，のりの高付加価値の用途拡大に寄与することが期待されている．

表5・3 ポルフィラン酵素分解物の摂取によるヒト血清コレステロールの変化[20]

被験者 No	総コレステロール (mg / dl)			トリグリセリド (mg / dl)			高比重リポタンパクコレステロール (mg / dl)			低比重リポタンパクコレステロール (mg / dl)		
	0	6	12(週)	0	6	12(週)	0	6	12(週)	0	6	12(週)
1	256	222	243	128	143	273	62	61	67	163	128	135
2	252	207	215	62	92	110	74	66	67	169	130	140
3	221	207	203	96	203	124	45	44	49	154	129	132
4	243	229	193	95	96	120	61	53	51	177	163	138
5	225	227	211	53	91	78	85	72	71	132	136	131
6	225	216	210	97	109	84	65	71	68	144	133	140
平均	237	218*	212*	89	122	131	65	61	62	157	137	136*
標準偏差	13.9	8.8	16.8	24.8	40.2	65.6	12.3	9.9	8.7	15.2	12.1	3.6

*¹ $P<0.05$

3・3 紫外線吸収物質

Takano ら[22]は，アサクサノリ（*Porphyra tenera*）から334 nmに吸収波長をもつ物質を分離精製し，ポルフィラ-334と命名した．その分子式は，$C_{14}H_{21}N_2O_6Na$ であらわされる．同様の物質は，スサビノリ（*Porphyra yezoensis*) からも見いだされ [23]，国内産の乾燥藻体には，100 g 当たり 6.3〜40.3 mg 含まれていた．藻体から水抽出，濾過，活性炭カラムに通した後，吸着成分を 50%エタノールで溶出させて得られた精製物あるいは水粗抽出物が，ノリ由来紫外線吸収物質として実用化され，シャンプー，整髪料や化粧品などに使用されている．

§4. まとめ

わが国で，板のりが開発され，市場に広く出回るようになってから，今日まで約 350 年が経過しているにも拘わらず，依然としてノリの利用は，板のり，それを焙焼した焼のり，味付のりが大部分である．このことは，板状の形態が，のりの保存，加工，流通および消費にとっていかに好都合であったかが伺い知れる．しかしながら，今日の食生活の多様化の中で高品質への要求は，ますます高まると予想される．板のり製造時における品質向上はもとより，従来のような初発の品質を維持する保管方法から，積極的に物性を変化させて品質向上をはかる保管方法への取り組みが求められている．また，板のりの形態にとらわれず，凍結乾燥のりのように日々進歩する食品加工技術の応用が，ノリの用途拡大をもたらしてくれると期待される．一方，人々の健康および自然志向は，高齢化社会の到来と相俟ってますます高くなることが予想され，食経験の長いノリに含まれる有用成分を効率よく摂取できるように加工したノリ由来高付加価値製品に対する認知が高まってゆくはずであり，この分野の研究開発が一層進展することが期待される．

文献

1) 工藤盛徳・稲野達郎：海苔の歴史と沿革，加工海苔入門 (日本食糧新聞社編)，日本食糧新聞社，2001, pp.1-27.
2) 工藤盛徳：海苔の規格と等級，加工海苔入門 (日本食糧新聞社編)，日本食糧新聞社，2001, pp.80-103.
3) 荒木 繁：乾のりの保蔵，海藻の生化学と利用 (日本水産学会編)，恒星社厚生閣，1983, pp132-147.
4) 岩城美智代・福田則郎・松井かほる・野田宏行・天野秀臣：乾のりの保存法．日水誌，49, 933-938 (1983).
5) Y. Osumi, K. Harada, N. Fukuda, H. Amano, and H. Noda : Changes of volatile sulfur compounds of 'Nori' products, *Porphyra* spp. during storage. *Nippon Suisan Gakkaishi*, 56, 599-605 (1990).
6) 飯田 遙・中村弘二・徳永俊夫：干しのり貯蔵中の色調および揮発性含硫化合物の変化．日水誌，52, 1077-1080 (1986).

7) K. Harada, Y. Osumi, N. Fukuda, H. Amano, and H. Noda : Changes of amino acid compositions of 'Nori', *Porphyra* spp. during storage. *Nippon Suisan Gakkaishi*, 56, 607-612 (1990).
8) 土屋靖彦・鈴木芳彦・佐々木召力：低温による乾海苔の貯蔵試験. 日水誌, 27, 919-933 (1961).
9) 西野貴博：海苔の加工技術, 加工海苔入門 (日本食糧新聞社編), 日本食糧新聞社, 2001, pp.113-118.
10) D. Ren, H. Noda, H. Amano, T. Nishino, and K. Nishizawa : Study on antihypertensive and antihyperlipidemic effects of marine algae. *Fisheries sci.*, 60, 83-88 (1994).
11) S. Maruyama, H. Mitachi, J. Awaya, M. Kurono, N. Tomizuka, and H. Suzuki : Angiotensin angiotensin I-converting enzyme inhibitory activity of the C-terminal hexapeptide of α-S1-casein. *Agric. Biol. Chem.*, 51, 2557-2561 (1987).
12) G. Oshima, H.Shimabukuro, and K. Nagasawa : Peptide Inhibitors of angiotensin-converting enzyme in digests of geratin by bacterial collagenase. *Biochem Biophys Acta*, 566, 128-137 (1979).
13) K. Suetsuna : Purification and identification of angiotensin I-converting enzyme inhibitors from the red alga *Porphyra yezoensis*. : *J Mar Biotecnol*, 6, 163-167 (1998).
14) 斉藤雅信・長屋恵子・萩野浩志・川合正允：ラットを用いた海苔オリゴペプチドの降圧作用. 医学と薬学, 43, 529-538 (2000).
15) 斉藤雅信・萩野浩志・川合正允・中道 昇：海苔オリゴペプチドの正常および高血圧患者に対する影響. 医学と薬学, 44, 297-306 (2000).
16) 萩野浩志：海苔由来ペプチドの開発と利用－血圧降下作用についての報告－. 食品と開発, 36, 16-18 (2001).
17) 小川廣男：アマノリの寒天様多糖類の物性と利用. 浦上財団研究報告書, 4, 79-88 (1994).
18) 大住幸寛・川合正允・天野秀臣・野田宏行：Arthrobacter sp. S-22 の酵素により産生するポルフィラン由来オリゴ糖の精製とその構造. 日水誌, 64, 88-97 (1998).
19) 大住幸寛・川合正允・天野秀臣・野田宏行：ポルフィラン由来オリゴ糖の消化・発酵性とマウスの血清コレステロール低下作用. 日水誌, 64, 98-104 (1998).
20) 大住幸寛：ノリ多糖ポルフィラン由来オリゴ糖の機能と応用. 月刊フードケミカル, 52, 84-87 (1999).
21) 大住幸寛・川合正允・天野秀臣・野田宏行：スサビノリポルフィラン由来オリゴ糖の抗腫瘍活性性. 日水誌, 64, 847-853 (1998).
22) S. Takano, A.Nakanishi, D. Uemura, and Y. Hirata : Isolation and structure of a 334nm UV-absorbing substance, Porphyra-334 from the red alga *Porphyra tenera* Kjellman. *Bull. Chem. Soc. Jap.*, 52, 419-420 (1979).
23) P. M. Sivalingam, T. IKata, and K. Nishizawa : Isolation and physiochemical propaties of a substance 334 from the red alga, *Porphyra yezoensis* UEDA. *Bot. Mar.*, 19, 9-21 (1976).

III. 安全性の課題

6. ノリ生産とHACCPマニュアル

能登谷 正浩*

　食用海藻類の多くは藻体の収穫後,常温で湿ったまま放置すると急速に鮮度が落ち,腐り易い.そのため,生のままで流通することは少ない.特に伝統的に利用されてきた食用海藻のノリ,ワカメ,コンブなどは乾物として流通する.したがって,細菌類の繁殖による汚染は比較的少ない.特に乾のりに関しては,これまで食中毒の例はない.

　ノリの栽培海域は,一般に河口付近の栄養塩が豊富で,栽培施設の耐久性やノリ生育特性から比較的穏やかな湾奥部である.また,栽培方法は,古くは遠浅の潮間帯に支柱を立て,それにノリ網を結び潮汐を利用して栽培していた.しかし,現在,多くは浮き流し栽培といって,潮間帯から離れ,水深が数メートルから十数メートルの海面にノリ網を浮かせた状態で養成されている.したがって,ノリの栽培漁場は,河川からの生活廃水や農業用水,工場廃水による汚染や異物の流入など,種々の影響を受けやすい.さらに,海域によっては魚介類養殖による赤潮の発生,近くを航行する船舶や石油流出事故による汚染も時には起る.これらの汚染や異物は,ノリ原藻への混入または汚染として影響をおよぼし,加工後の乾のり製品への直接的な危害を引き起こす原因になることも想定される.

　採取されたノリ原藻から,乾のりを作る加工工程でも種々の危害要因が予測される.この段階では一般の食品と同様に,品質管理は重要で生産者とともに消費者にとっても安全性の証明は必要である.しかし,これまで一般的には,品質管理の方法としては,製品に加工された段階で,抜き取り検査を行うなどの方法が取り入れられていたため,全ての製品の安全性を直接に検査,管理で

---

* 東京水産大学資源育成学科

きる訳ではなく，部分的な安全性の確認を全体に引き伸ばすことで，安全としていた．そのため，個々の製品には疑義が残らざるを得ないものであった．

　HACCP 方式では，製品の原材料の生産から加工，さらに流通工程のそれぞれを適切に管理することによって，安全な製品のみを作り出す視点が貫かれている．また，そのための管理基準を設けて品質の安全性を保証する方法である．

　HACCP 方式は Hazard Analysis Critical Control Point の頭文字を取ったもので，危害分析重要管理点と訳されている．本来は米国の NASA によって宇宙食の安全性確保の方法として考案されたものである．

　1993 年に国連食糧農業機関（FAO）と世界保健機構（WHO）による合同食品規格委員会は，「HACCP 方式の適用に関するガイドライン」を採択した．そのため，国内外における一般食品の品質管理方法として近年，急速に関心を集め，米国や EU ではこの方式が取り入れられ始め，食品加工業者に対して義務づけられている．また，養殖生産物についてもこれを基本として取り扱い規範が考えられている．

　日本では水産加工業における HACCP の導入は進んでいるが，養殖生産物に関してはほとんど行われていない．しかし，将来的には国際基準に合った生産管理や消費者の信頼を得るためにも早期に体制化する必要がある．そのため，昨年，大日本水産会によって「養殖管理マニュアル」が作られ始めたのである．

§1. HACCP の 7 原則

　HACCP 方式はコーデックス委員会（消費者の健康を保護し，食品取引の公正を確保することなどを目的として，国連食糧農業機関（FAO）と世界保健機構（WHO）が合同で国際貿易上重要な食品についての国際的な食品規格を策定するために 1962 年に設立された FAO/WHO 合同食品規格委員会．この組織には日本も 1966 年に加盟している）によって策定されたものである．危害要因の分析とその防止策には 7 つの原則が定められている．簡単に述べると以下のようになる．

　Hazard Analysis (HA)：「危害分析」と訳され，生産から流通までの全工程において，食品としての安全性に関する危害発生要因を分析して一覧表を作り，それぞれの防止策を検討する．

Critical Control Point (CCP):「重要管理点設定」と訳され，危害分析結果から明らかになった管理しなければならない重要なポイントを特に設定する．

Critical Limit:「管理基準設定」と訳され，重要な管理点を適切に管理するための基準を設定する．

Monitoring:「モニタリング方法の設定」と訳され，管理基準に沿って適切に管理するための監視方法を設定する．

Corrective Action:「改善措置の設定」と訳され，モニタリングの結果，管理基準を満たしていないことが判明した場合，改善するための適切な処置方法を設定する．

Verification:「検証方法の設定」と訳され，HACCP計画に基づいて，分析，検討，管理が適切になされているかを検討し，確認するとともに，計画の妥当性を定期的に見直す方法を設定する．

Record Keeping:「記録の方法と保存管理」と訳され，モニタリングや改善措置などの検証結果を記録として保存する方法と，さらにその管理責任者を決めておく．特に品質管理の方法やそれぞれの工程における製品の食品としての安全性を証明するための証拠記録を残すことが基本である．

§2. 危害要因の検討

乾のり生産工程は，ノリ栽培生産工程[1]（図6・1）を参考に，ノリ種苗の選択から種苗生産，沖出し養成，さらに収穫，乾のりへの加工，出荷までを対象として，食品としての品質の安全性を検討管理する．これらの工程は概ね種苗生産工程，栽培および育成工程，抄製乾のり加工工程の三工程に分けて危害要因の検討が行われる．

種苗生産工程：ノリの品種を選択し，種苗を作成するために，フリー糸状体を培養から貝殻糸状体の培養を経て，成熟した糸状体から殻胞子を放出させ，ノリ網へ殻胞子が付けられる．その後育苗を経て種苗となる．このあと多くの種網は冷凍保存されるが，一部は秋芽網栽培として育成される．品種の導入から種網の完成または冷凍保存されるまでの工程．

栽培および育成工程：種網を栽培海面に設置してノリ藻体を育成する．この間に数回のノリ原藻の収穫が行われるが，ノリ藻体を漁場で育て乾のり原藻収

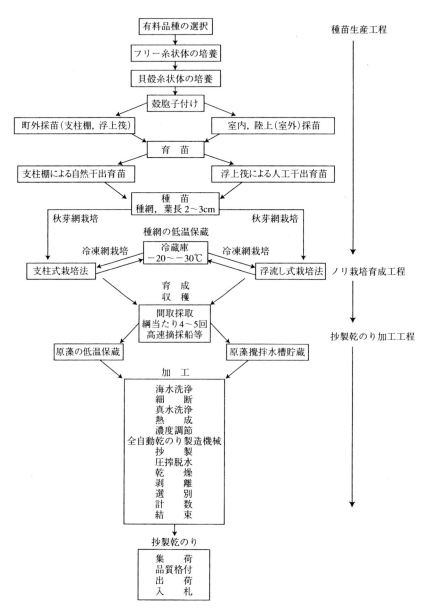

図6・1 のり栽培生産工程（大日本水産会 2001より一部改変）

穫するまでの工程.

抄製乾のり加工工程：ノリ原藻は，多くは摘採機や摘採船を用いて収穫した後，海水洗浄以降は種々の工程がほとんど機械によって自動的に行われるが，摘採後の加工工程.

また，危害要因の検討には生物学的，化学的，物理学的要因の3つの側面から検討される必要がある．以下，それぞれの危害要因の例を挙げる．

生物学的要因：食中毒細菌，ウイルス，寄生虫など
化学的要因：重金属，農薬，有害化学物質，PCB，内分泌攪乱物質など．
物理学的要因：異物の混入（ロープの繊維，木屑，貝殻，鳥の羽）など．

§3. 危害要因の分析
3・1 種苗生産工程

この工程では，生産される種苗が直接食されることはないので，生物学的，化学的，物理学的ないずれの危害要因も存在しない．現在は遺伝子組み替えによるノリ品種は栽培されていないが，今後，導入される場合は検討が必要になることも考えられる．

3・2 栽培および育成工程

栽培育成されるノリ藻体は栽培漁場の環境水との接点が大きく，予測される危害要因は多数考えられる．例えば，生活廃水や産業廃棄物による生物学的汚染がある．有毒細菌類のノリ藻体への付着または藻体内への侵入の可能性がある．したがって，健康上有害な細菌類の藻体付着または侵入や繁殖では，製造工程段階で除去，失活するものなど，分析と検討が必要である．また，ノリは環境中の栄養塩類を吸収して生育する．そのため，藻体内への有害化学成分の蓄積や濃縮によってのり製品が汚染されることも懸念される．特に農薬や重金属，内分泌攪乱物質は危害要因として重要である．このように漁場環境の重要な危害要因となる汚染に関しては重要管理点と定めて調査管理する必要がある．

栽培方法上の危害要因と考えられるものには，アオノリやケイソウ類など夾雑藻類を除去するために用いられる活性処理剤がある．しかし，この使用に関しては公的機関による厳格な審査を経て，また使用に際しての厳格な基準と，

指導や監視の下に行われていることから，重要管理点とする必要は無いと見なされる．

3・3 抄製乾のり加工工程

ノリ原藻は収穫後ほとんど人手が加わらずに製品化される．刈り取られた原藻は海水洗浄，攪拌洗浄，細断，真水添加，熟成，脱水，塩分調整，異物除去，抄製，圧搾脱水，乾燥，選別，結束など，多くの段階を経て製品となる．この間の生物学的，化学的，物理学的な危害分析は，特に，病原菌の付着，繁殖の防止策として工場の清浄化や全自動乾のり製造機各部の衛生管理，作業員の衛生および健康の管理が必要である．

製品の表面に生育する有害微生物は，一般的には加工工程で，水分含量が10％以下となるため増殖の危険性は無いと見なされる．その他は，漁場汚染の監視によって，化学的，物理的の危害要因は概ね排除できる．また，異物混入に関しては従来から導入されている機器検査や専門員の目視検査によっても避けることができる．

以上の工程や危害要因となる部分についての危害分析表を作成して，それぞれについて検討する必要がある．表6・1[1]に危害分析表の一例を示す．

§4. のり生産工程のHACCP導入，管理マニュアル

4・1 HACCPチーム編成

HACCP方式によってノリの栽培および生産管理を行うためには，責任者とともに品質検査員や漁協職員および専門知識をもつ人員を含めて，集団管理方式をとることが合理的とされている．

チームの内容は，チームリーダーとして乾のり製造全体を管理し，管理記録の検討や精査を行う責任者，その他に加工工程の作業監督や管理記録の作成を行う人員，さらに生産者以外の品質保証を行うための管理記録の検討，修正措置を勧告できる人員などによって構成されることが望ましいとされる．しかし，それは経営規模に応じてそれぞれの担当者を兼任しなければならない場合もある．

4・2 生産工程の管理と記録

種苗生産工程：この工程は，危害要因には含まれないが，使用された種苗の

表6・1 重要管理点に関する記録表の例（大日本水産会 2001より）

養殖業社名:
養殖場の住所: 1の2
作成年月日:

(1) 原料／工程	(2) 潜在的危害要因	(3) 安全性上重大か？(イエス／ノー)	(4) 左の決定に対する根拠 (イエス／ノー)	(5) どのようにしてその危害を防除するか？	(6) CCPか？(イエス／ノー)
原藻の摘採	生物：病原菌の汚染	イエス	摘採船，摘採装置の汚れ	摘採船，摘採装置の洗浄(SSOP)	
	化学：機械油の付着	イエス	摘採装置の整備不良	摘採装置のメンテナンス	
	物理：ゴミ	イエス	摘採時に混入	異物洗浄工程で除去できる	
撹拌洗浄槽	生物：病原菌の汚染 病原菌の増殖	イエス イエス	洗浄槽の汚れ，害鳥からの汚染(屋外の場合)	洗浄槽の洗浄(SSOP) 洗浄槽に蓋をする	
	化学：なし				
	物理：なし				
海水	生物：病原菌の汚染	イエス	沿岸からの汚染	汚染のない場所から採水するか，濾過海水を用いる	
	化学：有害物質の存在	イエス			
	物理：ゴミの混入	イエス		異物洗浄工程で除去できる	
海水洗浄2	生物：病原菌の汚染	イエス	洗浄槽の汚れ，害鳥からの汚染(屋外の場合)	洗浄槽の洗浄(SSOP) 洗浄槽に蓋をする	
	化学：なし				
	物理：なし				
真水洗浄1・2	生物：病原菌の汚染	イエス	洗浄槽の汚れ	洗浄槽の洗浄(SSOP) 水道水を使用	
	化学：なし				
	物理：なし				
細断	生物：病原菌の汚染	イエス	チョッパーの汚れ	チョッパーの洗浄(SSOP)	
	化学：なし				
	物理：ゴミ				
異物除去	生物：病原菌の汚染	イエス	汚染海水の使用 撹拌槽の汚れ	清浄な濾過海水を使用 撹拌槽の洗浄(SSOP)	
	化学：なし				
	物理：ゴミ	イエス	希釈海水の濃度不適	選別工程で除去できる	
圧搾脱水	生物：病原菌の汚染	イエス	スポンジの汚れ	スポンジの洗浄(SSOP)	
	化学：なし				
	物理：なし				

出所と安全に関する信頼性を示す意味で，種苗導入記録を作成することが望まれる．記録内容は，(1) 栽培種苗ロットを明示するよう摘採終了時までの固有

の番号を連番で付す．(2) 栽培品種名と種苗生産施設名を記す．(3) 育苗開始年月日．(4) 冷凍保存開始年月日 (5) 記録責任者の署名などとする．

育成工程：この工程の漁場環境の監視が重要管理点（表6・2[1]）であるため，毎年漁場行使前に環境モニタリング調査を行って，その記録を残す．

表6・2 危害分析表の例（大日本水産会 2001より）

重要管理点 CCP	危害	管理基準	モニタリング 何を	方法	頻度	誰が	修正措置	検証	記録
漁場環境	生物学的危害：病原微生物 化学的危害：有害化学物質	水産用水基準を満たしていること	別表に示す項目	所定の方法	1年に1回（育成栽培を開始する前）	都道府県の担当部署が実施するか，検査機関に依頼する	摘採後の原藻または，抄製乾のりをサンプリングし，有害物質の蓄積がないことを調べた上で，出荷する	記録の精査	漁場環境監視記録
		漁場汚染をもたらす重大な事故が発生していないこと			事故が発生した都度		水産用水基準を満たしていないときには，上記に従う	記録の精査（事故発生の都度）	漁場環境事故記録モニタリング結果

1．漁場環境配置図を作成して，分析試料の採取，出荷製品ロットの位置，水質汚染原因や監視に使えるものとする．漁場環境配置図の主な構成は陸地を基準に地形，河川，工場，農場，生活排水流入場所，漁場区割り位置と番号，記録作成者の署名などからなる．

2．漁場環境水の監視は定期，定点調査としてモニタリング記録を作成する．その構成は，採水地点の図示，実施時期，実施担当者，分析試料送付年月日および送付先，記録作成者氏名とその確認事項とする．検査終了後，検査成績記録を作成して保管する．また，水質汚染事故の発生がある場合は，事故記録書を作成し，修正措置を講ずる．また，事故後はモニタリングを実施し，状況観察や検討結果とその責任者氏名も記録として残す．

3．活性処理剤の使用は，適正な使用を行っている証明記録として残す．内容は，活性処理剤の名称，メーカー，ロット番号，使用濃度，浸漬時間，処理年月日，使用済み処理剤の廃棄方法および廃棄処理担当者氏名，処理剤使用者氏名などとする．

抄製乾のり加工工程：この工程では，加工場，加工機械，加工工程使用水，原藻への異物の混入，のり乾燥温度，のり製品の湿度，製品取り扱い上の管理

など加工工程の危害分析を行い，重要管理点を設定して分析表および計画表を作成して記録する．

4・3 一般衛生管理事項

乾のり加工に係わる全ての工程で，極力低い一般生菌数や異物混入，毒物の汚染の防止をおこなう．また，その根拠となる書類の作成には，加工施設や設備，機械や器具，使用水，さらに原藻から製品までの衛生的な取り扱い方法や手順などの記録が必要である．以下に各項目に関する必要記録内容を示す．

施設や設備の衛生管理：乾のり加工工場は，食品加工場とは異なり，ほとんど人手が加えられず全て機器によって自動的に作業が行われるが，加工場の出入り口からの汚染物，細菌の侵入に備えて工場内を衛生的に管理するための，清掃や消毒および害虫駆除の実施記録．

機械，器具の衛生管理：原藻摘採船，洗浄槽，加工ライン，圧搾脱水スポンジ，のり簀，その他の洗浄や，消毒，使用方法，使用材質などの検査記録．

その他の衛生管理：加工場内で使用する水，その適切な使用，製品取り扱いの方法および作業員の衛生管理などの記録書類．

4・4 モニタリング，検査，管理記録の保管

乾のり栽培生産工程の品質管理に関する管理手順の変更や新たに決定された事項は，そのモニタリング検査の結果とともに管理手順の変更記録を保管する．また，これらの記録は，栽培年度終了から1年間保管し，定期的に第三者の点検を受けて，改善や提示要求に積極的に応え，消費者の信頼を獲得することが必要である．

§5. まとめ

HACCP方式による品質管理に関する考え方と，そのマニュアルに関しての概略を示したが，基本は各工程の品質管理に関する証拠記録を残すことにある．現在は単なる指針で義務ではないが，将来的には義務化されると考えられる．

適正にHACCP方式を行うための7原則の検討や分析および記録にいたる手順は，手間と時間を要し，特に家族的，零細なノリ栽培生産者にとっては大変な負担となる．そこで今後は，より的確で簡易なマニュアルの策定が必要ではないかと思う．現在でも乾のり生産工程では，食品としての品質管理に関して

は十分に気が配られ，加工の段階で品質チェックのための多くの機械，器具，人員が導入および配置されている．

また，本来，のりとして特有の利用のされ方をしているアオノリ入りの「青」とか「飛」,「混」，さらに「えび」などは，その取り扱いを異物混入と見るのか，それとも別規格の製品とするのか，など今後に残る問題も多々ある．

文　献

1) 大日本水産会：平成 12 年度 HACCP 方式による養殖管理マニュアル－海苔編－第二版, 2001, pp.38.

7. ノリの品質に影響を及ぼす微生物類

天 野 秀 臣*

　海水中には多種多様な微生物が生息しているために，ノリは常に微生物に囲まれて生長している．事実，ノリ養殖場の海水中には海水 1 ml 当たり 10^5 から 10^6 もの細菌の他に多数の珪藻などの微生物が検出される．一方，ノリは細菌と共生関係にあるとも言われ，ノリにおける細菌の重要性が指摘されている．しかし，消費者にわたるノリの最終製品については，これらの事情は全く異なったものと考えなくてはならない．近年，食品に関しての衛生思想が大変に厳しくなったことから，より安全な食品を求める傾向が強まると共に，ノリについても製品の生菌数が問題になっている．本章では，ノリと微生物との関係について概観すると共に，ノリの品質に悪影響を及ぼす微生物，のり製品の生菌数の問題について述べる．

§1. ノリと細菌の共存関係

　ノリは葉体の表面に粘質多糖類を分泌し，そこには極めて多くの細菌が共生している．正常な葉体の表面には通常湿重量 1 g 当たり $10^3 \sim 10^5$ の細菌が付着・生育しているとされるが[1]，汚染されたノリでは $10^8 \sim 10^9$ もの細菌が検出されることすらある．しかし，葉体から微生物を取り除いて培養すると生長が抑制され[2]，葉体がリボン状にカールしたり，糸状あるいは塊状になり，正常な形態とならない．Tukidate[3,4]はこれらの微生物は栄養素の供給，毒物の中和，細胞表面の化学環境の安定化などに重要な働きをしていると言う．また，細菌はノリが生長していくうえで必要な植物ホルモンを生産している可能性も指摘されている[5]．

　これまでにノリで検出された細菌の一例を表 7・1 に示した．それぞれの細菌が具体的にどのような働きをしているかは現段階では不明であるが，今のところこれらの細菌に人間に対する病原性が見つかったとの報告はない．表中の

---

* 三重大学生物資源学部

表7・1 養殖ノリから検出された主な細菌[2, 6]

グラム陰性菌	グラム陽性菌
Acinetobacter	*Bacillus*
Aeromonas	*Staphylococcus*
Alcaligenes	
Altermonas	
Enterobacteriaceae	
Flavobacterium	
Enterobacter	
Pseudomonas	
Xanthomonas	
Vibrio	

Flavobacterium と *Pseudomonas* は海水中に多く,普段よく見つかる細菌である.グラム陰性菌は加熱に弱いが,グラム陽性菌の一部は芽胞を作り耐熱性が強い.通常,グラム陰性菌は70℃,30分の湿熱状態で死滅するが,芽胞菌の死滅には120℃,20分の湿熱状態が必要である.のりのような乾燥状態では芽胞菌の死滅には150～160℃で一夜か,180℃で3時間が必要である.今後,細菌類の問題については注意深く監視をしていく必要がある.

§2. 細菌性の病気

2・1 赤腐れ病

藻菌類の *Pythium* の赤腐れ病菌によっておきる.わが国のみならず韓国でも毎年のように発生し,病気の程度がひどい場合には品質劣化や収量の低下を招き,のり製品の香りに悪影響を与えることがある.図7・1に感染したノリの患部顕微鏡写真を示す.菌糸は細胞を貫いて次々と感染部を拡大する.表7・2に赤腐れ病による秋芽網の生産量,生産高の減少例を示した.1993年11月から12月にかけて大規模な赤腐れ病が全国的に発生し,この時期のノリの生産量は前年同期の63%に減少した.同様な被害が1996年にも発生し,この時もノリの生産量は前年同期の62%に低下した.

本菌の菌学的性質については多くの研究がなされ[7-14],病原

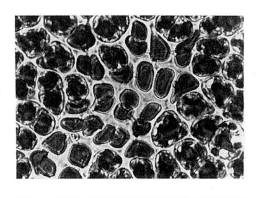

図7・1 赤腐れ病罹病患部の顕微鏡写真(三重県科学技術振興センター水産研究部提供).

菌の海底の泥中からの検出方法が報告[15]された．また，海中からの早期発見方法[16,17]が分子生物学的手法で開発された．防除方法についても十分な干出を与えることや適正に酸処理を行うことなどの様々な工夫がなされているが，抜本的な対策をたてるために，感染機構の解明[18,19]や細胞融合による抵抗性品種の作製[20]が試みられている．

表7·2 赤腐れ病による被害の例

年　月	生産量（千枚）	生産額（千円）
1992年11月～12月	2,737,660	38,095,350
1993年11月～12月	1,749,740	29,483,860
1994年11月～12月	大きな被害なし	
1995年11月～12月	2,830,010	34,531,850
1996年11月～12月	1,766,180	28,242,740

赤腐れ病が発生するとノリ網の早期摘採，酸処理，干出などで対応し，できるだけ病気のない乾のりの製造が行われているが，病原菌の混入したのり製品がある程度流通することは避けられない．そこで，著者らによりのり製品から赤腐れ病菌のDNAを抽出後，PCR法で増幅し，のり製品が赤腐れ菌に感染したものであるか否かを判定する方法が開発された．図7·2にこの方法で検出されたPCR産物の電気泳動写真を示したが，このように感染初期のものでも十分検出が可能である．

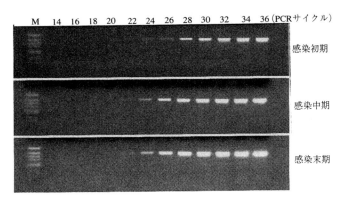

図7·2　乾のりから検出された赤腐れ病DNAを鋳型としたPCR増幅産物の電気泳動像．

2·2 壺状菌病

ノリの細胞内に寄生する藻菌類 *Olpidiopsis* の一種によって起きる．図7·3に感染部の顕微鏡写真を示す．本菌による感染が冷凍入庫前の若いノリに感染すると大きな被害をもたらす．本菌に感染したノリは生長が悪く，色沢が低下し，品質が劣化するが，細胞一つずつの感染であるため，成葉にも激しい感染拡大をする赤腐れ病のような被害様式とは異なる．育苗期は十分にノリ網を干出し，健苗育成が大切であるが，感染後の干出は病気の拡大につながりやすいので細心の注意が必要である．本菌は干出，冷凍にも強いのでその駆除はなかなか困難である．

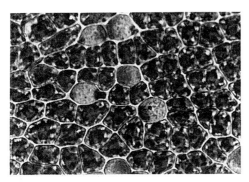

図7·3 壺状菌病罹病患部の顕微鏡写真（三重県科学技術振興センター水産研究部提供）．

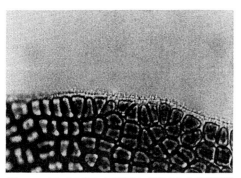

図7·4 スミノリ症のノリ葉体に検出される針状細菌（三重県科学技術振興センター水産研究部提供）．

2·3 スミノリ症

罹病ノリ葉体を淡水処理すると原形質吐出をおこし，製品はつやのない黒色となり，商品価値を著しく下げる．有明海湾奥部での本病については大変詳しい研究[21]がなされた．その報告によれば原因菌は *Flavobacterium* あるいは *Vibrio* とされている．スミノリ症のノリには多数の針状細菌の付着がみられる．図7·4に針状細菌の付着した状態を示す．本病の大きな被害は福岡有明で平成2年に発生した．細菌数はノリ1g当たり1.6×10^8にまで達したとされる．また，罹病葉に対して酸処理を行うことで細菌の除去がどの程度可能かが調べられた結果，試験管内ではpH 1.5で1分間あるいは5分間処理，または，pH

2.0 あるいは pH 2.5 で 5 分間あるいは 10 分間処理すると細菌数を 10^8/g から 10^3/g に減少でき,試験漁場では pH 2.0 の海水に 10 分間浸漬すると 10^6~10^8/g の細菌を 10^3~10^5/g まで減少でき,その効果は数日間維持できたと報告されている[22]．

2・4 糸状細菌付着症

糸状細菌 (*Leucothrix mucor*) が葉体表面に付着しておきる．図7・5 に感染部の顕微鏡写真を示す．付着の著しいときはノリの生長が抑制され,色落ちが起きる．

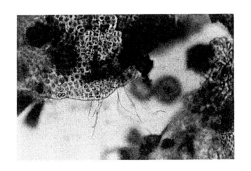

図7・5 糸状細菌付着症のノリ葉体(三重県科学技術振興センター水産研究部提供).

2・5 その他

緑斑病,疑似しろぐされ病も細菌性あるいは細菌とかかわりがあるとされている．緑斑病様の障害を与える細菌類は *Pseudomonas* と *Vibrio* に属するものである[23]．

§3. 細菌以外の微生物類

3・1 珪　藻

付着珪藻によりハトと呼ばれる白点ができ,入札時の等級が下がることがある．生産者段階では酸処理,ノリ網の設置水位を高くする(いわゆる高張り)などの管理が適切になされることで被害の軽減がはかられる．*Licmophora*(図 7・6),*Grammatophora*(図 7・7)が主たるもので,クレームがついて返品

図7・6 ノリ葉体に付着した珪藻 *Licmophora*(三重県科学技術振興センター水産研究部提供).

3·2 スイクダムシ

原生動物で，ノリ葉体に多く付着するとノリの栄養吸収を妨げ，生長が阻害される（図7·8）．ノリを冷凍すると除去できる．

§4. 生菌数

生菌数そのものがノリの品質を劣化させると一概には言えないが，食品の品質には衛生上の問題は重要であるため，以下に取りあげた．

4·1 概 要

乾のりの生菌数は通常 1 g 当たり 10^5 から 10^6 程度であるが，高汚染の場合には 10^9 にも達する場合すらある．焼のりでは 1 g 当たり 10^3 程度であることが望まれている．事実，流通業界では納入先から生菌数を

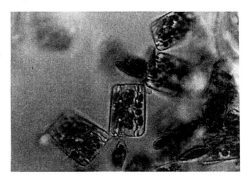

図7·7 ノリ葉体に付着した珪藻 *Grammatophora*（三重県科学技術振興センター水産研究部提供）．

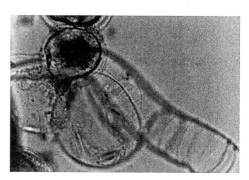

図7·8 ノリ葉体に付着した原生動物スイクダムシ（三重県科学技術振興センター水産研究部提供）．

10^3 にすることを要求される場合もあるが，その数値を達成するにはかなりの努力が必要である．生ノリで生菌数が少なくても，その後の乾のりの製造工程で主にのり簀，脱水用スポンジの部分で生菌数が増える例が多い．味付のりの製造でも細菌の付着しやすい工程があるので注意が必要である．検出される菌には大腸菌群や真菌が認められることも希にはあるが，重大な食中毒原因菌の検出例は国内では未だない．しかし，外国ではセレウス菌（*Bacillus cereus*）や黄色ブドウ球菌（*Staphylococcus aureus*）が検出された例もあるので，生菌数の他に大腸菌群，黄色ブドウ球菌，セレウス菌の検査も同時に実施しておくことが望まれる．黄色ブドウ球菌やセレウス菌は食中毒を引きおこす可能性

がある細菌であり，厳重な警戒が必要であろう．しかし，焼のり製造工程での加熱によって生菌数はある程度減少できるので，生菌数を減少できるような焼きかたが今後の検討課題である．

4・2 食中毒細菌

のり以外の食品では食中毒をおこす細菌は多数あるが，外国産のりで検出された食中毒をおこす可能性のあるものについて以下に記す．

セレウス菌（*Bacillus cereus*）：グラム陽性の桿菌．潜伏期は8～16時間であるが，悪心・嘔吐は1～5時間後にでる．腹痛，水様性下痢が8時間以後にでることもあるが，悪心・嘔吐のほうが多い．のり以外の食品では毎年発生している．発病のためにはかなりの量の菌が必要といわれる．

黄色ブドウ球菌（*Staphylococcus aureus*）：グラム陽性の球菌．潜伏期は1～6時間．吐き気，嘔吐，水様性下痢をおこす．中毒は本菌の産生する毒素エンテロトキシンによるものである．この毒素は熱に極めて強く，100℃，1時間の加熱でも失活しない．

4・3 のり製造工程中の生菌数変動例

のりの製造工程中で生菌数は増加したり，減少したり変動する．以下に各種のり製品の製造工程中における菌数の変動の一例を示す．

乾のり製造工程：乾のりの製造工程は，原藻のミンチ，熟成，抄き，脱水，乾燥など多くの工程があるので，生菌数の変動も以下のように複雑である．

原藻（6×10^5/g）⇒ 作業台（2×10^3/g）⇒ 原藻タンク中の水（6×10^1/g）⇒ ミンチ機の水（2×10^1/g）⇒ 熟成機の水（4×10^3/g）⇒ 抄き機の水（1×10^2/g）⇒ のり簀（5×10^1/g）⇒ 脱水用スポンジ下面（6×10^5/g）⇒ 脱水用スポンジ上面（4×10^4/g）⇒ 製品（5×10^5/g）

この他，人の手には通常2～$4\times10^{2\sim3}$/g程度の生菌数が検出されるので，直接のりにさわることはなるべく避けるべきである．

焼のり製造工程：高温で加熱するために生菌数は原料の乾のりよりかなり減少する．以下に製造工程中の生菌数の減少の一例を示した．

乾のり（5×10^5/g）⇒ 作業台（2×10^3/g）⇒ 人の手（4×10^2/g）⇒ 製品出口付近（4×10^2/g）⇒ 焼のり（2×10^3/g）

味付のり製造工程：味付のりは焼のりに調味液をつけて製造するために，生

菌数が多くなりやすい製品であり，製造上の衛生管理が特に必要である．

原料乾海苔（1×10^4/g）⇒ 作業台（2×10^3/g）⇒ 調味液用ローラー（2×10^6/g）⇒ 味付のり乾燥機ローラー部分（2×10^2/g）⇒ 味付のり包装フィルム（0/g）⇒ 包装味付のり（1×10^5/g）

その他ののり製造工程：上記の製品以外にもしばしば利用されるのり製品に，焼き刻みのり，ばら乾のり，ばら焼のりもある．焼き刻みのりでは原料の焼のりの生菌数が2×10^3/g程度であるのに対して，でき上がった製品の生菌数が1×10^5/gにもなった例もある．一方，ばら乾のりとばら焼のりでは生菌数は$3\sim4\times10^3$/g程度である．加工工程が多くなるとどうしても生菌数は増えやすくなるので，製造中は注意が必要である．

4・4 生菌数減少のための取り組み

現在，ノリ生産者や加工メーカーはそれぞれの立場で生菌数の減少に取り組んでいる．生産者段階での乾のり製造の注意点として全国漁業協同組合連合会海苔部会は次のような注意，すなわち，1）抄き水には水道水か飲料水用井戸水を用い，抄き水の循環や再利用は避けること，2）抄きや選別，結束を行う時は十分に手を洗うこと，3）脱水用スポンジの洗浄を定期的に行うこと，4）機械，器具の掃除・洗浄を定期的に行うこと，を喚起している[24]．

一方，抄き水と脱水用スポンジの生菌数の減少方法についても検討がなされ，やむを得ず抄き水を再利用する場合には，抄き水の紫外線殺菌を行い，生菌数を減少させること，交換した脱水用スポンジは洗浄後は塩素系殺菌剤を使用して保管し，交換後はできるだけきれいな水を使用して加工することが必要であり，これらの注意でかなり生菌数は減少できることが報告されている[25]．

のりの加工段階における生菌数減少の取り組みは各加工メーカーが実施している．乾のりの再乾燥（火入れ）は，通常は温度が低いために生菌数の減少はあまり期待できない．焼のりは一般的には，ニクロム線ヒーターや赤外線ヒーターを使用したオーブンで数秒間加熱して製造される．この時の焼き温度，焼きかたの両面から生菌数を減少させる方法が検討されつつある．加熱工程で品温が200℃前後と高ければ生菌数の減少率も大きいが，一方，温度が高すぎると焼きすぎとなり，苦みが発生したりのりがもろくなったりする．また，焼きかたによっては，焼のりで重要な緑色が悪くなることもあるので，加熱温度と

加熱時間の兼ね合いが大切となる．生菌数の問題解決には焼のり製造工程の果たす役割も大きいので，例えば紫外線殺菌や超音波などヒーター以外の方法による新しい技術開発も望まれる．

以上，ノリの品質におよぼす微生物類についてその概要を述べた．ノリ養殖は自然条件に左右される部分が大変に多い産業である．生産者の段階でできる対応策については，できる限り病気や珪藻の付着を防ぐことと乾のり製造中の衛生管理が大切である．一方，これらの注意のみでは限界があることも事実であるので，加工，流通段階での取り組みも必要である．今後，益々厳しくなると予想される食品衛生上の要望にも応えられるような製品を供給できる技術開発が望まれる．

文　献

1) 藤田雄二・小野原隆幸・松原孝之・銭谷武平：ノリ病害の細菌学的研究-Ⅲ 漁場海水とノリ葉体における細菌類の消長，特に病害関連細菌の検出，長崎大水研報，36, 61-68 (1973).
2) 月舘潤一：微生物環境，のりの病気（日本水産学会編），恒星社厚生閣，1973, pp. 105-113.
3) J. Tukidate : Microbiological studies of Porphyra plants-I. Studies of bacteria isolation methods, Bull. Nansei Reg. Fish. Res. Lab., No.3, 19-22 (1970).
4) J. Tukidate : Microbiological studies of Porphyra plants-II, Bacteria isolated from Porphyra leucosticta in culture. Bull. Japan. Soc. Sci. Fish., 37 (5), 376-379 (1971).
5) 天野秀臣：植物生長調節物質，アマノリ類のバイオテクノロジー－応用と展望－，月刊海洋，27 (11), 644-648 (1995).
6) 野田宏行・天野秀臣・太田扶桑男・堀口吉重：のり赤腐れ病の治ゆ中における葉体の細菌相と構成成分の変化, 日水誌, 45 (9), 1163-1167 (1979).
7) 佐々木 実・佐藤重勝：ノリ赤腐病の培地組成と培養温度について, 東北水研報, 29, 125-132 (1969).
8) 高橋 實：Pythium 菌の見分け方, 植物防疫, 24 (8), 339-346 (1970).
9) 渡辺 競・加藤 盛・佐藤陽一・阿部和夫：養殖ノリの疾病防除に関する研究-Ⅰ. ノリ赤腐病菌の栄養生理に関する研究. 宮城水試報, 1-6 (1971).
10) 藤田雄二・銭谷武平：有明海のり漁場から分離したあかぐされ病原菌 Pythium に関する研究-Ⅰ, 一般菌学的性状, 日水誌, 42 (10), 1183-1188 (1976).
11) 藤田雄二・銭谷武平：有明海のり漁場から分離したあかぐされ病原菌 Pythium に関する研究-Ⅱ, 生育環境要因ならびに栄養要求, 日水誌, 43 (1), 89-95 (1977).
12) 藤田雄二・銭谷武平：有明海のり漁場から分離したあかぐされ病原菌 Pythium に関する研究-Ⅲ, 有性生殖器官形成の環境および栄養条件, 日水誌, 43 (8), 921-927 (1977).
13) 藤田雄二・銭谷武平：有明海のり漁場から分離したあかぐされ病原菌 Pythium に関す

る研究-Ⅳ, 病原菌株の血清学的区別, 日水誌, **43** (11), 1313-1318 (1977).
14) 藤田雄二:有明海のり漁場から分離したあかぐされ病原菌 *Pythium* に関する研究-V, *Pythium porphyrae* の卵胞子発芽, 日水誌, **44** (1), 15-19 (1978).
15) 川村嘉応・横尾一成・東條元昭:ノリ養殖におけるアカグサレ病菌の生活環に関する研究-Ⅰ, 有明海の海底泥中からのアカグサレ病菌の分離, 平成 11 年度日本水産学会春季大会講演要旨集, 1999, p.15.
16) H. Amano, K. Sakaguchi, M. Maegawa, and H. Noda : The use of a monoclonal antibody for the detection of fungal parasite, *Pythium* sp., the causative organism of red rot disease, in seawater from *Porphyra* cultivation farms. *Fish. Sci.*, **62** (4), 556-560 (1996).
17) C. S. Park, M. Kakinuma, and H. Amano : Detection and quantitative analysis of zoospores of *Pythium porphyrae*, causative organism of red rot disease in *Porphyra*, by competitive PCR. *J. Applied Phycol.*, **13**, 433-441 (2001).
18) S. R. Uppalapati and Y. Fujita : Carbohydrate regulation of attachment, encystment, and appressorium formation by *Pythium porphyrae* (Oomycota) zoospores on *Porphyra yezoensis* (Rhodophyta). *J. Phycol.*, **36**, 359-366 (2000).
19) S. R. Uppalapati and Y. Fujita : The relative resistances of *Porphyra* species (Bangiales, Rhodophyta) to infection by *Pythium porphyrae* (Peronosporales, Oomycota). *Bot. Mar.*, **44**, 1-7 (2001).
20) 石元伸一・二之方圭介・中嶋康生・中村富夫・小林隼人:ノリのプロトプラストを利用した育種技術による新品種開発研究, 平成 7 年度地域バイオテクノロジー実用化技術研究開発促進事業報告書, 愛知県水産試験場, 1996, pp.15.
21) 川村嘉応・楠田理一:スミノリ病ノリ葉体から分離した細菌による実験的発症, 水産増殖, **41** (2), 227-234 (1993).
22) 川村嘉応・楠田理一:スミノリ病ノリ葉体の付着細菌数の変動および細菌相, 水産増殖, **41** (2), 235-241 (1993).
23) 中尾義房・小野原隆幸・松原孝之・藤田雄二・錢谷武平:ノリ病害の細菌学的研究-Ⅰ. 細菌による緑斑病様障害の実験的発症, 日水誌, **38** (6), 561-564 (1972).
24) 全漁連海苔海藻部:ノリの生産数, 全漁連のりごよみ, 岩田静昌・JF 全漁連海苔海藻部編, 全国漁業協同組合連合会, 2001, p.108.
25) 上田隆敏・西田一豊・中谷明泰:紫外線殺菌装置効果試験報告, 2001, 兵庫のり研究所, pp.6.

8. 海藻中の微量元素と安全性

塩 見 一 雄*

　微量元素とは一般には生体での含量が ppm のオーダーの元素（As, Cd, Cr, Cu, Fe, Hg, I, Mn, Ni, Pb, Se, Sn, Zn など）を指し，C, Ca, H, K, Mg, Na, O などのように含量がそれ以上のものは多量元素と呼ばれている．微量元素の多くは生体の恒常性維持にとって必須であり，不足するとさまざまな欠乏症がみられる．ヒ素やカドミウムのように有害元素というイメージが強い微量元素でも，動物実験の結果から必須であるとされている．各種食品の中でも海藻は，必須微量元素を数および量の点で比較的バランスよく含んでいるので，ミネラルの補給源として重要な食品であると考えられている．しかし，海藻に含まれる微量元素の中には，含量が高いことから健康への影響が懸念されているものもあり，国によっては規制値が設けられている．一例としてフランスでの規制値を表 8・1 に示す．6 種元素が規制の対象になっているが，このうち安全性がしばしば問題にされてきた元素はヒ素で，わが国から欧米への海藻の輸出にあたっては大きな障害になっている．また，カドミウムおよびヨウ素に関しては，フランスの規制値を越えるような測定例もかなりみられる．そこで本稿では，海藻に含まれる微量元素の安全性に関するこれまでの知見を，特にヒ素を重点的に取り上げて紹介するとともに，カドミウムおよびヨウ素についても簡単に述べる．

表8・1　海藻中の各種元素に対するフランスの規制値

元　素	規制値（μg/g, 乾燥重量基準）
無機ヒ素	3
カドミウム	0.5
水銀	0.1
鉛	5
スズ	5
ヨウ素　コンブ類	6,000
その他の海藻	5,000

---

* 東京水産大学食品生産学科

§1. 海藻中のヒ素の安全性
1・1 ヒ素の毒性および中毒例

　ヒ素は必須元素の一つであるが，古くからどちらかといえば毒物の代表とされ，自殺や他殺にしばしば用いられてきた．ナポレオンの毛髪から高濃度のヒ素が検出され，ナポレオンはヒ素で毒殺されたという説も唱えられている．ヒ素はいくつかの物語にも登場してくるが，例えば「東海道四谷怪談」の中のお岩さんは，夫の伊右衛門にヒ素の入った殺鼠剤を食べさせられて醜い容貌になってしまったそうである．

　成人におけるヒ素の急性中毒量は5〜50 mg，致死量は100〜300 mgと見積もられている．急性中毒症状としては咽頭部乾燥感，腹痛，悪心，嘔吐，ショック症状，心筋障害などがある．慢性中毒では黒皮症（腹部などの色素沈着），手足の角化症などのほかに皮膚ガンも引き起こされるが，1990年代に入ってから，インド，バングラデシュ，中国などのアジア諸国ではヒ素で汚染された井戸水に起因する多数の慢性ヒ素中毒患者が見いだされ深刻な問題になっている．わが国では表8・2に示すようにヒ素による大規模な食中毒の経験があるが，中でもドライミルク製造過程で用いられた第二リン酸ナトリウムに混入していたヒ素化合物（亜ヒ酸と考えられている）によるヒ素ミルク中毒事件は，患者はすべて乳幼児で130人もの死者を出したという悲惨な事例で，ヒ素の恐ろしさが一般にも広く知られるきっかけになった．さらに，平成10年7月に和歌山市で発生したヒ素入りカレー中毒事件（患者67人，死者4人）は記憶に新しく，ヒ素の毒性が改めて認識されたといえる．このようにヒ素は有害元素であるが，なぜか海藻をはじめとした魚介類に著しく高濃度に含まれている．以下に，海産動物に含まれるヒ素と比較しながら，海藻中のヒ素の安全性を含量・化学形・毒性・代謝の点から検証する．

表8・2　わが国におけるヒ素による食中毒事件

発生年	原因食品	原因食品中のヒ素濃度 (μg/g または ml)	患者数 (人)	死者数 (人)
昭和23年	醤油	16〜18	2,019	0
昭和30年	ドライミルク	20〜30	12,159	130
昭和30〜31年	醤油	90	390	0

1・2 海藻のヒ素含量

陸上生物のヒ素含量は通常 ppb のオーダーであるのに対し，海産生物では ppm のオーダーと非常に高い．海藻のヒ素含量の例として，著者らが千葉県小湊産の新鮮藻体 31 種（緑藻 3 種，褐藻 12 種，紅藻 16 種）で測定した結果を表 8・3 に，Almela ら[1)]がスペインの市販乾燥品（緑藻 2 種，褐藻 5 種，紅藻 1 種）で測定した結果を表 8・4 にまとめた．海藻の中ではコンブ目および

表 8・3 千葉県小湊産海藻（新鮮藻体）のヒ素およびカドミウム含量

海藻				元素含量（μg/g，湿重量換算）	
				ヒ素	カドミウム
緑藻	アオサ目	ヒトエグサ科	ヒトエグサ	3.5	0.016
		アオサ科	ボタンアオサ	0.90	0.015
	ミル目	イワヅタ科	フサイワヅタ	1.1	0.012
褐藻	アミジグサ目	アミジグサ科	アミジグサ	2.7	0.012
			シワヤハズ	3.7	0.067
			ヘラヤハズ	3.7	0.024
			ウミウチワ	2.4	0.22
	ナガマツモ目	イシゲ科	イロロ	5.7	0.19
	コンブ目	コンブ科	カジメ	8.5	0.29
			ワカメ	35	0.055
	ヒバマタ目	ホンダワラ科	ジョロモク	22	0.27
			ヒジキ	12	0.41
			ホンダワラ	8.8	0.27
			ウミトラオノ	11	0.29
			ナラサモ	30	0.63
紅藻	ウミゾウメン目	ベニモヅク科	カモガシラノリ	1.9	0.21
	テングサ目	テングサ科	マクサ	0.42	0.14
			ユイキリ	1.7	0.47
	カクレイト目	ムカデノリ科	ヒジリメン	2.0	0.32
			キントキ	1.8	0.032
			コメノリ	2.3	0.38
		フノリ科	ハナフノリ	8.7	0.13
	スギノリ目	ミリン科	トサカノリ	0.82	0.065
		イバラノリ科	イバラノリ	2.3	0.021
		オゴノリ科	オゴノリ	4.1	0.041
		オキツノリ科	オキツノリ	1.9	0.11
			ハリガネ	2.6	0.078
		スギノリ科	ツノマタ	1.0	0.18
	ダルス目	ワタツナギ科	フシツナギ	0.60	0.75
	イギス目	コノハノリ科	ハイウスバノリ	3.0	0.019
		フシマツモ科	ユナ	1.1	0.11

ヒバマタ目の褐藻のヒ素含量が特に高いとされているが，このことは表 8・3 および表 8・4 のデータでも裏付けられる．表 8・3 の数値は湿重量換算であるが，コンブ目のワカメ，ヒバマタ目のジョロモク，ナラサモではヒ素ミルク中毒事件でのミルク中の含量（20～30 μg / g）に匹敵している．表 8・4 の数値は乾燥重量換算であるので全体的に表 8・3 の数値より高く，ヒジキでは 100 μg / g を越えている．一方，海産動物の多くではヒ素含量は数 μg / g（湿重量換算）である．しかし，バイ，ボウシュウボラといった肉食性巻貝のヒ素含量は通常 10 μg / g 以上と高く[2]，300 μg / g に達するような例も報告されている[3]．含量の点から考えると"魚介類に含まれるヒ素は食品衛生上安全か？"という疑問が生じるのは当然であろう．

表 8・4 市販海藻（乾燥品）のヒ素およびカドミウムの含量

海藻				総ヒ素 (μg/g)	無機ヒ素 (μg/g)	％ 無機ヒ素	カドミウム (μg/g)
緑藻	アオサ目	アオサ科	アナアオサ	5.17	0.36	7.0	0.17
			アオノリ類	2.30	0.37	16.1	0.03
褐藻	コンブ目	コンブ科	マコンブ	47.0	0.297	0.6	0.15
			アラメ	23.8	0.17	0.7	0.75
			ワカメ	34.6	0.18	0.5	1.90
	ヒバマタ目	ヒバマタ科	*Fucus vesiculosus*	50.0	0.34	0.7	0.55
		ホンダワラ科	ヒジキ	115	83	72.2	0.10
紅藻	ウシケノリ目	ウシケノリ科	アサクサノリ	23.7	0.57	2.4	0.35

1・3 海藻に含まれるヒ素の化学形

これから登場してくる各種ヒ素化合物（1-17）の構造を図 8・1 にまとめて示す．

一口にヒ素は有害とはいっても，その毒性は化学形によってさまざまであるので，海藻に含まれるヒ素の安全性を検討するためには化学形を明らかにすることが必須となる．ヒ素化合物の毒性は一般的には無機態の方が有機態よりもはるかに高く，3 価無機態＞5 価無機態＞有機態の順であるとされている．亜ヒ酸（1）は 3 価無機態，亜ヒ酸ほどではないが毒性が高いといわれているヒ酸（2）は 5 価無機態である．著者ら[4]は 21 種類の各種魚介類（3 種海藻を含む）について，含まれるヒ素が有機態か無機態か，水溶性か脂溶性かを調べ，総ヒ素の約 60％が無機態であったヒジキを除く 20 種では総ヒ素の大部分は水溶性

の有機態であるという好ましい結果を得た．ヒジキの無機ヒ素濃度が特異的に高いということは多くの研究者にも指摘されており，表8・4に示したAlmelaら[1]のデータでも，無機ヒ素が総ヒ素の70％以上を占めている．なお，ヒジキ中の無機ヒ素はヒ酸であることが証明されている[5]．

　魚介類の水溶性ヒ素化合物としては，ロブスターからアルセノベタイン（6）が初めて単離同定され[6]，その後の研究によりアルセノベタインは海産動物にほぼ普遍的に存在する主要なヒ素化合物であることが明らかにされている[7-9]．

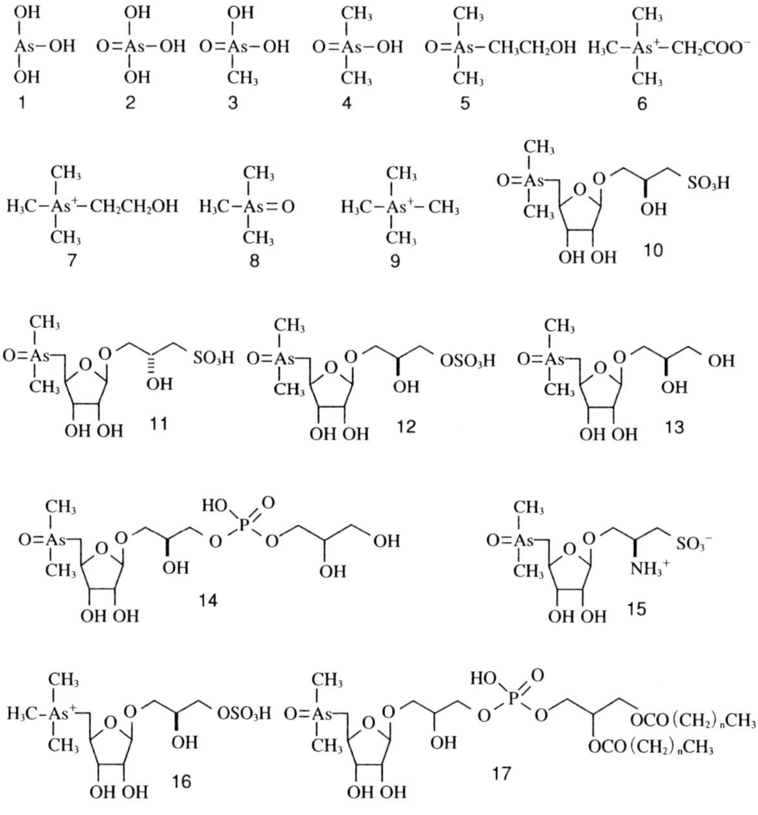

図8・1　各種ヒ素化合物の構造
1：亜ヒ酸，2：ヒ酸，3：メチルアルソン酸，4：ジメチルアルシン酸，5：ジメチルアルシノイルエタノール，6：アルセノベタイン，7：アルセノコリン，8：トリメチルアルシンオキシド，9：テトラメチルアルソニウム，10-15：ジメチル体のアルセノシュガー，16：トリメチル体のアルセノシュガー，17：脂溶性ヒ素化合物

一部海産動物では，おおむね微量成分としてではあるがアルセノコリン (7)，トリメチルアルシンオキシド (8) およびテトラメチルアルソニウム (9) の存在も確認されている [7-9]．一方，海藻にはこれらヒ素化合物は検出されず，主成分はジメチルヒ素とリボースが結合したアルセノシュガー類（特に主要なものは10～15) である [8,9]．ジメチル体のアルセノシュガー類の他に，微量成分としてミル [10] にはジメチルアルシン酸 (4)，ウミトラノオ [11] にはトリメチル体のアルセノシュガー (16)，アサクサノリ [12] には無機態のヒ酸が確認されている．特殊な例はヒジキで，含まれるヒ素の約半分はアルセノシュガーであるが残りの半分はヒ酸である [5]．以上に述べたヒ素化合物はすべて水溶性であるが，ワカメからはジメチル体のアルセノシュガー骨格をもつ脂溶性ヒ素化合物 (17) も単離同定されている [13]．

1・4　海藻中のヒ素化合物の毒性

表 8・5 [14] に示すように，海産動物に存在する 4 種ヒ素化合物のうち，アルセノベタイン，アルセノコリンおよびトリメチルアルシンオキシドについてはマウスに対する急性毒性は亜ヒ酸の約 1/200 あるいはそれ以下ときわめて弱く，実質的に無毒とみなすことができる．テトラメチルアルソニウムの急性毒性はやや高く，ジメチルアルシン酸と同程度である．一方，海藻の主要なヒ素化合物であるジメチル体のアルセノシュガーは，化学合成あるいは精製のいずれにおいても急性毒性試験に必要な量を確保するのが困難で知見が得られていない．しかしながら，細胞毒性試験（マウス繊維芽細胞を用いた細胞増殖阻害

表 8・5　各種ヒ素化合物のマウス急性毒性（経口投与）および細胞毒性

ヒ素化合物	マウス急性毒性 LD_{50} (g/kg)	マウス繊維芽細胞の増殖阻害 ID_{50} (mg/ml)	ヒト臍帯繊維芽細胞の染色体異常誘発 % (mg/ml)
アルセノベタイン	>10.0	>10	10 (10)
アルセノコリン	6.5		
トリメチルアルシンオキシド	10.6		
ヨウ化テトラメチルアルソニウム	0.89		
アルセノシュガー		2	15 (5)
ジメチルアルシン酸	1.2	0.32	90 (0.5)
メチルアルソン酸	1.8	1.2	37 (1)
ヒ酸		0.006	33 (0.02)
亜ヒ酸	0.0345	0.0007	20 (0.001)

試験およびヒト臍帯繊維芽細胞を用いた染色体異常誘発試験)では，アルセノシュガー(合成品，13)の毒性はアルセノベタインよりもやや高いが亜ヒ酸の数千分の一で，メチルアルソン酸(3)よりも低い(表8・5)．これら細胞毒性試験での各種ヒ素化合物の毒性はマウス急性毒性とほぼ対応しているので，アルセノシュガーの急性毒性もアルセノベタインとメチルアルソン酸の中間であると推定される．なお，アルセノシュガー(13)の細胞毒性はマウスの肺胞および腹腔由来のマクロファージを用いても検討され，肺胞マクロファージに対しては亜ヒ酸の1/1600というわずかな毒性を示すが，腹腔マクロファージに対しては毒性よりはむしろ増殖促進効果を示すという興味深い事実も明らかにされている[15]．

1・5 海藻中のヒ素化合物の代謝

海産動物のヒ素化合物(アルセノベタイン，アルセノコリン，トリメチルアルシンオキシドおよびテトラメチルアルソニウム)については，マウスなどの哺乳類における代謝が詳しく検討されている．いずれのヒ素化合物も，投与後数日以内に投与ヒ素の大部分が主として尿中に排泄され，体内蓄積性はみられない[7]．アルセノベタインとテトラメチルアルソニウムは生体内変換を受けることなくそのままの形で，アルセノコリンは大部分が体内でアルセノベタインに酸化されて尿中に排泄される．トリメチルアルシンオキシドは，ごく一部であるがトリメチルアルシンに還元されて呼気中にも排泄される．

一方，アルセノシュガーの代謝に関しては，紅藻スサビノリから部分精製したアルセノシュガーのマウスにおける代謝実験[16]，海藻抽出物あるいは海藻粉末をヒトに経口摂取させた

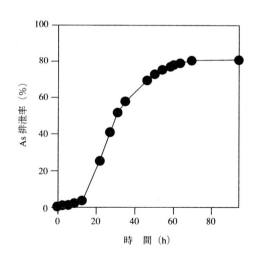

図8・2 アルセノシュガーを経口摂取したヒトにおける尿中へのヒ素の排泄状況

実験[17-19]が行われ，アルセノシュガーは生体内代謝を受けて比較的短時間に体外へ排泄されることが示唆されていた．ごく最近，アルセノシュガー(13)の合成品を用いたヒトでの代謝実験が Francesconi ら[20]によって報告された．アルセノシュガー水溶液（1,220 μgAs を含む）を経口摂取したヒトの尿中ヒ素量を 94 時間にわたって経時的に測定したところ，図 8·2 に示すようにヒ素は10数時間後から尿中に現れ，35 時間後には摂取ヒ素の約 60%が，94 時間後には約 80%が尿中に排泄された．尿中には少なくとも 12 成分の代謝産物が検出されている．代謝産物のうちジメチルアルシン酸，ジメチルアルシノイルエタノール (5) およびトリメチルアルシンオキシドの 3 成分が同定され（それぞれ尿中に排泄されたヒ素の 67, 5, 0.5%を占める），ジメチルアルシン酸が主成分であった．ジメチルアルシン酸に次いで主要な代謝産物（尿中に排泄されたヒ素の 20%を占める）は残念ながら未同定である．いずれにしてもアルセノシュガーは生体内代謝を受け，尿中に短時間で排泄されることは間違いないようであるが，代謝産物に関しては今後の検討が望まれる．

1·6　海藻のヒ素に関する国際的規制

以上に述べてきたように，海産動物に含まれるヒ素化合物の急性毒性および代謝に関するデータは十分に蓄積されているので，国際的にも食品衛生上問題ないと認知されている．しかし，アルセノシュガーの急性毒性および代謝に関するデータはまだ不十分で，そのため海藻のヒ素規制は国際的に統一されていない．表 8·1 に示したようにフランスでは無機ヒ素として 3 μg / g（乾燥重量基準）が規制値になっており，アメリカでも *Laminaria* 属（コンブ属）などの海藻に対して同じ値が採用されている．オーストラリアでは魚貝類に対して無機ヒ素 1 μg / g という規制値が設けられ，海藻に対しても準用されているようである．しかし，無機ヒ素による規制ではなく総量規制をとっている国もある．イタリアではヒ素の食品からの 1 週間最大許容摂取量は 0.015 mg / kg（体重 70 kg のヒトでは 1.05 mg になる）とされており，ヒ素含量 20 μg / g の海藻を 50 g 摂取すると，他の食品からのヒ素摂取がないと仮定しても体重 70 kg のヒトの許容摂取量のほぼ 1 週間分に達することになる．イタリアの規制値にしたがうと海藻（特に褐藻）の大部分は輸出できないことになる．海藻のヒ素に関する国際規制をせめて無機ヒ素のみを基準とするためにも，アルセ

ノシュガーの毒性ならびに代謝について国際的に通用するデータを集積することが重要な課題である．それでもなお，ヒ酸を高濃度に含むヒジキの安全性の問題は解決されない．日本ではこれまでにヒジキ摂取によるヒ素中毒例がないという傍証だけでは，諸外国に対して説得力が乏しい．ヒジキとして摂取すると，含まれるヒ酸の腸管吸収および代謝はヒジキ中の種々の成分との相互作用により，ヒ酸単独摂取の場合とは異なる可能性があるので検討の価値があろう．基礎データとしては，ヒジキ多食者の健康調査といった疫学的データを蓄積することも望まれる．

§2. 海藻中のカドミウムの安全性

ヒ素と同様に，カドミウムも必須元素ではあるが有害性の方が有名である．カドミウムの急性中毒量は 3 mg / 70 kg 以上と推定されているが，問題になるのはむしろ慢性中毒である．WHO の試算では，毎日 140〜260 μg のカドミウムをほぼ全生涯にわたって摂取し続ける，あるいは総摂取量が約 2,000 mg を越えると中毒症状が現れるとされている．わが国での慢性中毒事件としては富山県神通川流域で発生したイタイイタイ病がよく知られており，典型的な症状は腎障害と疼痛を伴った骨軟化症である．

わが国では，食品中のカドミウムに対しては米（玄米）で 1 ppm 未満という規制値が設けられている．米と海藻との摂取量を考えると，フランスにおける海藻のカドミウムに対する規制値が乾燥重量換算で 0.5 μg / g（表 8・1）というのは多少厳しすぎるかもしれないが，いずれにしても著者らが測定した千葉県小湊産海藻では湿重量換算でも褐藻ナラサモと紅藻フシツナギの 2 種は 0.5 μg / g を越えている（表 8・3）．もし乾燥重量換算であればオーバーする種類はもっと多くなるであろう．実際，乾燥重量換算の Almela ら[1]の測定値においては，8 種のうち 3 種（アラメ，ワカメ，*Fucus vesiculosus*）はフランスの規制値以上である（表 8・4）．海藻中のカドミウムに関しては，今のところ含量のデータしか得られていない．ヒ素の例でもわかるように，有害元素の毒性は含量よりも化学形に大きく依存している．海藻に含まれているカドミウムの安全性検討のためには，まず化学形を明らかにし，次いで毒性・代謝を調べる必要がある．

§3. 海藻中のヨウ素の安全性

ヨウ素は甲状腺ホルモン（チロキシンおよび 3, 3', 5-トリヨードチロニン，図 8・3）の材料として不可欠で，成人の 1 日要求量は 200～300 μg と見積られている．世界的には内陸部や山岳地帯でヨウ素欠乏による甲状腺腫の患者が多くみられる．陸上植物のヨウ素含量は 1 μg / g 程度であるが，海藻の平均含量は緑藻 130 μg / g，褐藻 4,300 μg / g，紅藻 890 μg / g と高く[21]，海藻はヨウ素の補給源として重要である．しかし，ヨウ素は，フランスでの規制対象元素の一つになっているように（表 8・1），その過剰摂取は甲状腺機能に対して悪影響を及ぼすことも事実である．海藻の摂取量の多い日本では，ヨウ素不足よりもむしろ過剰摂取が問題になる．海藻中のヨウ素は大部分が無機態のヨウ化物であるが[22]，無機態ヨウ素の過剰摂取は Wolff-Chaikoff 効果として知られる甲状腺ホルモンの生合成抑制，甲状腺からのホルモンの分泌の抑制といった甲状腺機能低下症を引き起こす[23]．成人では甲状腺機能の低下は通常は一過性で，過剰のヨウ素の摂取を続けても甲状腺機能は正常に戻る（この現象を Wolff-Chaikoff 効果からの escape と呼んでいる）．しかし，1 日 10 mg 以上という大量の無機態ヨウ素（コンブのようにヨウ素含量の高いものでは 2～3 g 程度でヨウ素 10 mg に達する）を数日以上摂取した場合には escape は起こりにくいし，胎児や新生児ではもっと少量でも甲状腺機能の低下が起こりしかも escape は起こりにくいことが知られている．胎児は胎盤を通して，新生児は母乳を通して母親からヨウ素が移行するので，妊婦や産婦は海藻からのヨウ素の過剰摂取には特に注意が必要である[24]．

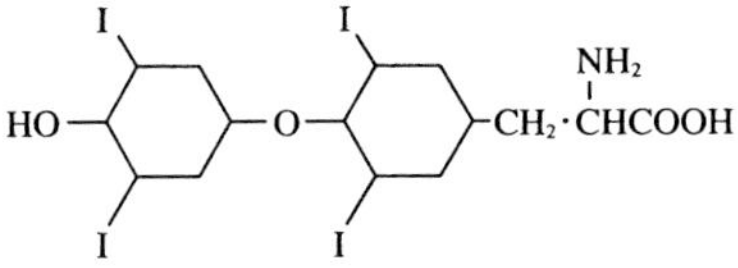

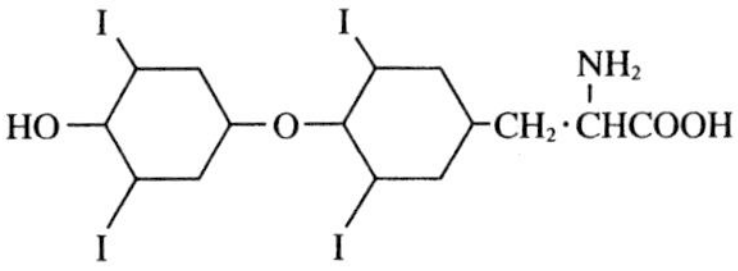

図 8・3　甲状腺ホルモンの構造

§4. おわりに

海藻中の微量元素の安全性を，ヒ素，カドミウムおよびヨウ素を取り上げて

述べてきた．長年の経験上，海藻はミネラルと繊維質に富んだ健康食品であることは間違いないが，安全性を心配しながら摂取するのでは健康食品とは言えないであろう．そのためにもすでに指摘してきたいくつかの今後の検討課題に向けて研究が進展することを期待している．また，すべての食品に当てはまることであるが，いくら健康にいいからといっても偏食は避けるべきである．海藻が健康食品としての機能を発揮するのは，海藻を含めたバランスのとれた食事においてであることを強調しておきたい．

文　献

1) C. Almela, S. Algora, V. Bento, M. J. Clemente, V. Devesa, M. A. Súñer, D. Vélez and R. Montoro : Heavy metal, total arsenic, and inorganic arsenic contents of algae food products. *J. Agric. Food Chem.*, 50, 918-923 (2002).

2) K. Shiomi, A. Shinagawa, H. Yamanaka and T. Kikuchi : Contents and chemical forms of arsenic in shellfishes in connection with their feeding habits. *Nippon Suisan Gakkaishi*, 50, 293-297 (1984).

3) K. Shiomi, M. Orii, H. Yamanaka and T. Kikuchi : The determination method of arsenic compounds by high performance liquid chromatography with inductively coupled argon plasma emission spectrometry and its application to shellfishes. *Nippon Suisan Gakkaishi*, 53, 103-108 (1987).

4) A. Shinagawa, K. Shiomi, H. Yamanaka and T. Kikuchi : Selective determination of inorganic arsenic (III), (V) and organic arsenic in marine organisms. *Nippon Suisan Gakkaishi*, 49, 75-78 (1983).

5) J. S. Edmonds, M. Morita and Y. Shibata: Isolation and identification of arsenic-containing ribofuranosides and inorganic arsenic from Japanese edible seaweed *Hizikia fusiforme*. *J. Chem. Soc.* (*Perkin Trans. I*), 1987, 577-580 (1987).

6) J. S. Edmonds, K. A. Francesconi, J. R. Cannon, C. L. Raston, B. W. Skelton and A. H. White : Isolation, crystal structure and synthesis of arsenobetaine, the arsenical constituent of the western rock lobster *Panulirus longipes cygnus* George. *Tetrahedron Lett.*, 1977, 1543-1546 (1977).

7) 塩見一雄：海産生物に含まれるヒ素の化学形・毒性・代謝．食衛誌, 33, 1-10 (1992).

8) J. S. Edmonds, K. A. Francesconi and R. V. Stick : Arsenic compounds from marine organisms. *Natural Products Rep.*, 1993, 421-428 (1993).

9) K. A. Francesconi and J. S. Edmonds : Arsenic in the sea. *Oceanogr. Mar. Biol. Annu. Rev.*, 31, 111-151 (1993).

10) K. Jin, T. Hayashi, Y. Shibata and M. Morita : Arsenic-containing ribofuranosides and dimethylarsinic acid in green seaweed, *Codium fragile*. *Appl. Organomet. Chem.*, 2, 356-369 (1988).

11) Y. Shibata and M. Morita : A novel trimethylated arseno-sugar isolated from the brown alga *Sargassum thunbergii*. *Agric. Biol. Chem.*, 52, 1087-1089 (1988).

12) Y. Shibata, K. Jin and M. Morita : Arsenic

compounds in the edible red alga, *Porphyra tenera*, and in nori and yakinori, food items produced from the red algae. *Appl. Organomet. Chem.*, 4, 255-260 (1990).

13) M. Morita and Y. Shibata : Isolation and identification of arseno-lipid from a brown alga, *Undaria pinnantifida* (Wakame). *Chemosphere*, 17, 1147-1152 (1988).

14) 貝瀬利一・大屋-太田幸子・越智崇文・大久保 徹・花岡研一・K. J. Irgolic・櫻井照明・松原チヨ：海藻中に含まれる有機ヒ素化合物・アルセノ糖の培養細胞を用いた毒性学的研究．食衛誌，37, 135-141 (1996).

15) T. Sakurai, T. Kaise, T. Ochi, T. Saitoh and C. Matsubara : Study of in vitro cytotoxicity of a water soluble organic arsenic compound, arsenosugar, in seaweed. *Toxicology*, 122, 205-212 (1997).

16) K. Shiomi, M. Chino and T. Kikuchi : Metabolism in mice of arsenic compounds contained in the red alga *Porphyra yezoensis*. *Appl. Organomet. Chem.*, 4, 281-286 (1990).

17) 福井昭三・平山晃久・野原基司・阪上嘉彦：数種の海産食品中のヒ素の存在形態とそれら食品摂取後の尿中ヒ素代謝物について．食衛誌，22, 513-519 (1981).

18) X.-C. Le, W. R. Cullen and K. J. Reimer : Human urinary arsenic excretion after one-time ingestion of seaweed, crab, and shrimp. *Clin. Chem.*, 40, 617-624 (1994).

19) M. Ma and X.-C. Le : Effect of arsenosugar ingestion on urinary arsenic speciation. *Clin. Chem.*, 44, 539-550 (1998).

20) K. A. Francesconi, R. Tanggaard, C. J. McKenzie and W. Goessler : Arsenic metabolites in human urine after ingestion of an arsenosugar. *Clin. Chem.*, 48, 92-101 (2002).

21) 野田宏行：微量元素要求．海藻の生化学と利用（日本水産学会編），恒星社厚生閣，1983, pp.23-32.

22) H. Meguro, T. Abe, T. Ogasawara and K. Tuzimura : Analytical studies of iodine in food substances. Part I. Chemical form of iodine in edible marine algae. *Agri. Biol. Chem.*, 31, 999-1002 (1967).

23) J. E. Silva : Effects of iodine and iodine-containing compounds on thyroid function. *Med. Clin. North Am.*, 69, 881-898 (1985).

24) 前坂機江・諏訪 三・立花克彦・菊地信行：母体のヨード過剰摂取による新生児甲状腺機能低下症．ホルモンと臨床，38, 1197-1202 (1990).

IV. 流通上の課題

9. ワカメの輸入と品質

佐 藤 純 一*

　わかめ業界には，海外で生産されるワカメ，特にここ数年は中国産ワカメの輸入急増により，国内産ワカメの価格の低迷，販売不振，減産，さらにはセーフガードの問題等慌ただしい動きがある．わかめの輸入状況と海外の生産国である韓国，中国のワカメ養殖生産・加工の現状と品質についてまとめる．

§1. わが国のワカメ生産

　現在，天然ワカメの生産量はごく僅かであり，殆どが養殖ものである．わが国のワカメ生産量の推移を図9・1に示す．養殖ワカメの生産量は1974年には史上最高の153,762トンを記録し，天然ワカメと合わせて同年の総生産量は173,860トンとなった．その後も若干の増減があるものの1986年頃まではほぼ安定した生産が行われた．ところが平成時代に入るとワカメの生産量は漸次減少傾向となり，1995年の総生産量102,571トンを最後に10万トンを下回りはじめ，特にここ数年は落ち込みが激しく，2001年はついに6万トンを割ってしまった[1-2]．

　ここで漁業・養殖業生産統計年報[1]より，ワカメ養殖漁家の経営体数のデータを見てみると，図9・2のようにワカメの経営体数はすでに養殖が始まって間もない1973年の20,804件をピークに減少が始まっている．1973年というと韓国ワカメの輸入が始まった年であり，輸入わかめの増加が経営体数の減少の一因とも考えられる．その後，経営体数は減少の一途をたどり，1994年には1万件を割り，1999年には7,299件とピーク時の35%まで減少している．逆に経営体当たりの生産量は1973年が5.44トン／件だったのに対して，1986年

---
* 理研食品株式会社

に10トン／件を越え，その後9〜10トン／件で安定している．ワカメの国内生産量がある程度維持されてきたのは，経営体数の減少を1漁家当たりの生産数量の伸びが補ってきたためであるが，ここ数年は経営体数の減少が大きく，そのため減産となったと推定される．

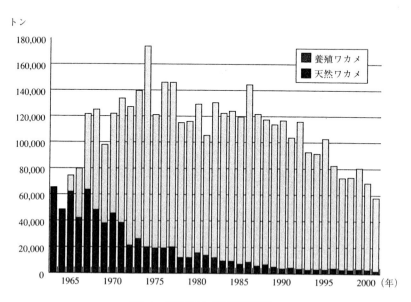

図9・1　日本のワカメ生産量の推移

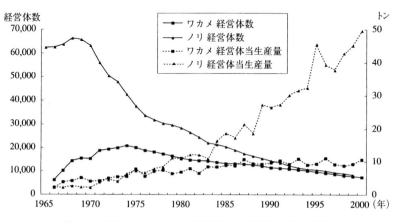

図9・2　日本のワカメ，ノリの経営体数と経営体当生産量の推移

ワカメと同様に海面養殖業の主力海藻であるノリの場合を見てみると，経営体数は1968年の66,218件をピークにワカメ同様に減少しているが，減少の度合いはワカメの比では無く，1999年には8,274件と12.5％にまで落ち込んでしまっている．ところがノリの生産量はほぼ40万トンレベルが維持されている．また，経営体当たりの生産量も昭和40年代始めには2トン／件程度であったが，1999年には49.5トンと約20倍となり，ワカメと比較すると飛躍的に増えている．この背景として，ノリ養殖では「多収穫性品種の開発」「浮流し養殖法の開発」「ノリ網の冷蔵保存技術の開発」「全自動ノリ抄製機械の開発」等，生産性向上のための技術革新が進んだことで1経営体当たりの生産数量が飛躍的に伸びたことが挙げられる．

また，ワカメの養殖生産システム自体が日本，韓国，中国で根本的に違うことも考えなければならない．わが国のワカメ養殖は1経営体当たりの生産量が10トン弱と，家内工業的規模の養殖生産が行われている．一方，韓国ではワカメ生産者は個人経営であるが協業化が進んでおり，養殖規模は大きい．正確な統計的な資料は無いものの，1漁家当たりの生産量は小規模なところで原藻で40～50トン，大規模なところでは1,000トンを超えている．中国では生産システムが全く異なり，生産者は存在せずに加工工場が直接養殖を行っているので1経営体当たりの生産規模はさらに大きい．わが国では今後も漁業従事者の高齢化，後継者不足により，ワカメ養殖業経営体が増加することは難しく，ワカメ生産量が回復することは中々厳しいと思われる．一部の漁協等では協業化の試みが行われているとのことであるが，ノリ養殖のように経営体数当たりの生産量を大きく伸ばすことができる技術革新も必要である．

§2．ワカメ輸入の急増

表9・1に海外からのワカメの輸入数量の推移をまとめた[3]．韓国産ワカメは1973年から本格的に輸入が開始され，その後，前年比倍増ペースで伸び続け，1976年には湯通し塩蔵わかめで一挙に2万トンを越え，韓国産ワカメの日本への輸入量増による日本市場の混乱，日本産ワカメへの圧迫が問題となった．この解決策として，日本側は全漁連，韓国側は社団法人・韓国水産物輸出組合が両国の窓口になり，毎年輸入数量に関する交渉を行って秩序ある輸入を実施

表9・1 ワカメ輸入量の推移

年度	韓国湯通し塩蔵	韓国湯通し生換算	韓国カットワカメ	韓国カット生換算	韓国生換算合計	中国湯通し塩蔵	中国湯通し生換算	中国カットワカメ	中国カット生換算	中国生換算合計
1973年	1,781	8,905	0	0	8,905	0	0	0	0	0
1974年	3,568	17,840	0	0	17,840	0	0	0	0	0
1975年	8,243	41,215	0	0	41,215	0	0	0	0	0
1976年	21,564	107,820	0	0	107,820	186	930	0	0	930
1977年	24,361	121,805	0	0	121,805	220	1,100	0	0	1,100
1978年	14,126	70,630	0	0	70,630	23	115	0	0	115
1979年	21,497	107,485	0	0	107,485	146	730	0	0	730
1980年	24,206	121,030	0	0	121,030	0	0	0	0	0
1981年	26,962	134,810	0	0	134,810	16	80	0	0	80
1982年	23,357	116,785	0	0	116,785	513	2,565	0	0	2,565
1983年	24,032	120,160	0	0	120,160	912	4,560	0	0	4,560
1984年	26,035	130,175	1,300	32,500	162,675	1,411	7,055	0	0	7,055
1985年	26,915	134,575	1,041	26,025	160,600	2,515	12,575	0	0	12,575
1986年	25,864	129,320	1,066	26,650	155,970	2,894	14,470	0	0	14,470
1987年	25,702	128,510	1,172	29,300	157,810	5,537	27,685	0	0	27,685
1988年	22,675	113,375	1,472	36,800	150,175	4,254	21,270	0	0	21,270
1989年	27,947	139,735	1,876	46,900	186,635	6,538	32,690	0	0	32,690
1990年	27,228	136,140	2,109	52,725	188,865	8,008	40,040	0	0	40,040
1991年	21,155	105,775	2,556	63,900	169,675	11,699	58,495	0	0	58,495
1992年	17,638	88,190	2,441	61,025	149,215	11,774	58,870	0	0	58,870
1993年	18,749	93,745	2,744	68,600	162,345	13,006	65,030	0	0	65,030
1994年	18,329	91,645	3,257	81,425	173,070	17,694	88,470	0	0	88,470
1995年	11,771	58,855	3,216	80,400	139,255	17,888	89,440	1,364	34,100	123,540
1996年	9,729	48,645	2,596	64,900	113,545	20,252	101,260	2,042	51,050	152,310
1997年	9,321	46,605	2,163	54,075	100,680	19,914	99,570	3,180	79,500	179,070
1998年	9,655	48,275	2,092	52,300	100,575	17,007	85,035	3,728	93,200	178,235
1999年	9,794	48,970	1,864	46,600	95,570	20,098	100,490	4,649	116,225	216,715
2000年	6,859	34,295	1,725	43,125	77,420	17,437	87,185	5,198	129,950	217,135

(資料 財務省通関統計) 単位:トン, 湯通し塩蔵:生原藻=1:5, カットわかめ:生原藻=1:25

することとなり，1978年から湯通し塩蔵わかめの輸入自主協定数量が定められた（同年の協定数量は19,000トン）．また，翌1979年からは協定価格制度が導入された．その後も韓国産ワカメは協定量を多少オーバーして輸出され，1989年には輸入協定数量24,500トンに対して史上最高の27,947トンが輸入された．この年には乾燥わかめが約1,800トンも輸入されており，合わせて湯通し塩蔵品換算で3万トンを突破する勢いであった．しかし，順調であった韓国産湯通し塩蔵わかめの輸入は湯通し塩蔵わかめよりも乾燥わかめでの輸入が増えてきたことや安価な中国産ワカメの輸入増などの影響で徐々に数量は減少し，自主協定数量は有名無実となり，1995年には自主協定数量が撤廃され，協定価格も1998年に撤廃された．2000年には湯通し塩蔵わかめで僅か6,859トンと1989年に記録した史上最高輸入量の約4分の1にまで減少した．

一方，中国産ワカメは昭和50年代の初めから輸入が始まり，1982年に湯通し塩蔵わかめ513トンが輸入された．その後，中国産湯通し塩蔵わかめの輸入量は伸び続け，1987年には一気に5,000トンを越え，4年後の1991年には10,000トンを越えるなど勢いは衰えず，1997年には20,000トンを突破した．当初，中国産ワカメは「どろ臭い」「溶けやすい」といった問題があり，なかなか日本のワカメ市場に普及しなかった．しかし，行政，養殖加工業者，研究機関の「官・民・学」が一体となった安定生産と品質改善が図られ，日本の業者の積極的な技術指導，日本からの種苗の移入等により，品質の底上げが進んだことで中国産ワカメは大躍進した．また，中国産ワカメが国産や韓国産ワカメよりも遥かに安価であることも輸入量増大の大きな要因である．日本，韓国では原藻を養殖生産する生産者と加工業者が別個であるのに対して，中国では加工工場が自社の養殖場をもち原藻を養殖生産するという独自のシステムをもっている．日本や韓国では加工業者が生産者から原藻を買って湯通し塩蔵わかめを生産しなければならないが，中国では自社の養殖場で養殖したワカメを収穫して加工するため，原藻コストでは遥かに有利である．さらに安価な人件費により加工費も比較にならないほど安いのでコスト面で太刀打ちできないことは明白である．日本経済のデフレ基調にも中国ワカメが上手くマッチしたといえる．

このように躍進著しい中国産ワカメであったが，1994年以来，湯通し塩蔵

での輸入は頭打ちとなり，17,000～20,000トンで推移している．ところがカットわかめの輸入は1995年に1,364トンが最初に輸入されたのを契機に爆発的に増え続け，わずか5年後の2000年には5,000トンを突破し，中国産カットわかめの輸入の伸びは過去の韓国産カットわかめ輸入の伸びと比較すると倍以上のスピードで伸びた．輸入カットわかめの急増により，国内で輸入原料を使ってカットわかめを製造するメーカーは無くなってきており，ほとんどの業者が輸入カットわかめの選別と包装加工のみを日本で行っており，わかめ加工業界も空洞化が進んできている．また，元々わかめ加工メーカーでない業者にも輸入カットわかめの選別，包装は簡単な仕事なので異業種企業の参入も目立っている．

湯通し塩蔵わかめとカットわかめの数量は単純に比較できないので「湯通し塩蔵：生原藻＝1：5，カットわかめ：生原藻＝1：25」として生原藻換算量を算出してみた．図9・3はこの生原藻換算量のワカメ輸入量の推移を表したグラフである．ワカメ輸入の推移を見てみると1970年には国産100％であったのが，1980年は国産：韓国産＝52：48，1990年は国産：韓国産：中国産＝34：55：11，1995年は同＝28：38：34，2000年は同＝19：21：60（いずれも概算値）と輸入ワカメへの依存度が増え続けている．同じ輸入物でも前述

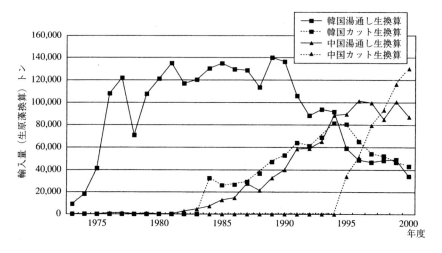

図9・3　ワカメの輸入量の推移

のように韓国産が減少し，中国産が急増傾向にある．中国産も湯通し塩蔵わかめは頭打ちであるが，カットわかめでの輸入が急増しており，中国産ワカメの輸入急増は緊急セーフガード発令の問題まで論議されるに至っている．

§3. 韓国でのワカメ養殖・加工の現状
3・1 沿　革

韓国では古来より，出産後の女性が産後の体力回復のためにワカメを食べる習慣があり，お産の後には毎食，ワカメをたっぷり入れたわかめスープを食べていた．また，誕生日にも「晴れの日」のメニューとしてわかめスープを食べる習慣があった．しかし，昔は韓国でもワカメは全て天然産で生産量も限られた貴重品であり，一般の人が普通にワカメを食べることは無かったという．ところが1960年代から養殖が開始され，南部海域を中心に大々的に養殖が行われるようになった[4]．韓国のワカメの生産量は1970年代に急激に伸び，1970年には6,600トン，1971年には11,100トン，1972年は29,000トンと倍増し，1973年には一気に107,800トンとなった．その後生産量は伸び続け1997年には過去最高の431,872トンを記録した．今日では韓国の国民一人当たりのワカメ消費量は日本人の2～3倍とも言われている．しかし，ここ数年は生産量が20万トン代の前半となっており，特に2001年は175,490トンと大きく落ち込んだ[5]．

韓国産のワカメの日本への輸入は1970年から開始された．最初の何年間かは天然産の原藻が素干し加工されて輸入されたらしいが，養殖技術の導入と発展，日本による湯通し塩蔵わかめの加工技術の指導等で急速に輸入量は伸び，1973年には湯通し塩蔵わかめで1,781トン，1974年には3,568トン，1975年には8,243トンと急速に増えて，1977年には24,361トンに達した．韓国ワカメの日本への輸入による日本市場の混乱，日本産ワカメの圧迫が問題となり，前述のように輸入自主協定数量・協定価格制度が導入された．その後1989年には史上最高の24,978トンが輸入されたが，その後安価な中国産ワカメの輸入開始により輸入量は減少の一途となっている．

韓国でのワカメの養殖は南西部の全羅南道の莞島郡，珍島郡，長興郡，高興郡および南東部の慶尚南道の機張郡で行われてきたが，全羅南道では1986年

ごろから病虫害発生の問題が起こり，外洋系の漁場から内部の漁場に移ってきており，産地は元々の主産地であった莞島郡の島々から長興郡，高興郡へ移動している．機張郡での養殖は年々衰退し，現在では韓国国内市場向けの生原藻出荷と板ワカメの生産が主で輸出向けの加工はほとんど行われなくなった．珍島郡でも輸出用の養殖・加工はほとんど行われていない．

3・2 韓国でのワカメ養殖

養殖は基本的には日本での養殖工程とほぼ同じであり，5月末から6月初旬に化学繊維のクレモナ糸に採苗を行い，育苗は陸上タンクで行われる．10月頃に仮移植（タンク育苗から海中育苗への移行）を行った後，本養殖を行う．親縄への種糸の定着は従来「巻き込み法」であったが，5，6年前から「挟み込み法」に代わってきた．養殖施設は1 haを基準とし（図9・4），各地方の水産技術管理所（日本でいうと水産試験場）では親綱20本，5 m間隔での養殖を指導してきたが，実際には親綱40～50本，つまり2.0～2.5 m間隔，挟み込みの間隔も約20～30 cmと密殖傾向となっている．しかし，2，3年ほど前から，「中国ワカメとの競争の中で韓国ワカメが生き残るめには品質向上しかない」という意識の改革が芽生え始め，親縄を1 haに30本程度つまり約3 m間隔とし，挟み込みも40～50 cm間隔とする漁場も出てきた．沖出しも採取時期を考慮して，10日毎に3回程度に分けて行うようになってきている．

韓国ではいわゆる「新芽ワカメ」として茎付きで大都市向けに生原藻のままで出荷されるものは12月の中旬頃から収穫されるが，対日輸出向けの湯通し塩蔵加工向けの収穫は2～3月に行われる．韓国では元々，養殖ロープ上の大きな藻体をまず手で刈って収穫する「間引き採取」が行われていた．1回目の刈り取りの後に養殖ロープに残ったものをさらに生長させて2回目，あるいは3回目の刈り取りが行われ，最初に収穫される原藻が「一番草」その後が「二番草」，「三番草」と呼ばれ，ある程度大きさのそろった原藻が収穫可能であった．しかし，年々深刻となる人手不足のために「機械採取法」が5年ほど前に開発され，現在ではごく一部の漁場を除いて「機械採取」による一斉刈りとなっている．「機械採取法」は2，3隻の小船を準備し，先頭の船にウインチを設備し，浮きを外した養殖ロープをウインチで巻き上げながら，2番目あるいは3番目の船の上で移動するロープ上のワカメをカマで刈る方法で，養殖ロープ

上のワカメを大小かまわず，根こそぎ刈っていく（図9·5）．従来の「間引き採取」ではある程度大きさのそろった葉体を収穫できたが「機械採取」では大小まじりの原藻となるため，湯通し加工を行う際に大きめの原藻に湯通し条件を合わせれば小さ目の原藻はボイル過多となり，小さい原藻に合わせれば大き目の原藻はボイル不足になってしまうという問題がある．また，韓国の漁民は原藻の選別（末枯れと元茎の除去）を行わないため，後工程での選別に手間がかかり，製造原価を圧迫する要因となっている．韓国で機械採取による一斉刈りは人手不足の解消という問題に関しては画期的な採取方法であるが，密殖で大

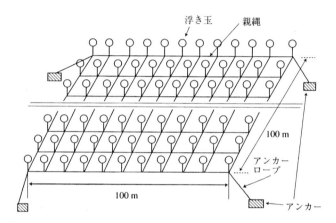

図9·4

図9·5　韓国でのわかめ機械採取風景

きさが均一な原藻が養殖されない状況下では,品質面では問題が残る.
3·3 韓国でのワカメ加工
今から15年程前には韓国のワカメ加工工場は約200あったが,工場数は減少の一途をたどり,現在は20にも満たない.現在,ほとんどの工場が大量加工を行っており,ボイル加工は原藻で100～300トン／日と多い.また,機械化,省力化が進んでおり,ボイル釜,塩混合装置等も無人運転の設備が多い.(図9·6 全自動のボイル釜).近年,若い人はワカメの加工場では働かなくなり,労働人口の高齢化と人手不足が問題となっている.

生原藻の湯通し加工時期は2月中旬から3月下旬であり,対日輸出の湯通し塩蔵わかめを先に加工してから,カットわかめ用原料および韓国国内向け原料の加工に移る.品質良好な部類のものは対日輸出し,残りは国内消費されるので極端に品質の劣るものは輸出されない.

図9·6 韓国の全自動ボイル釜

§4. 中国でのワカメ養殖・加工の現状
4·1 沿 革
中国では元々コンブの養殖に力を入れており,1970年代まではワカメの養殖は全く行われていなかった.しかし,コンブの供給過剰の問題等から1980年代に入るとワカメの養殖が開始された.1981年には遼寧省の大連で天然産

の原藻を使用して湯通し塩蔵わかめの製造テストが行われた．また，同年に養殖がテスト的に始まり，翌1982年に採取された原藻は全て湯通し塩蔵わかめに加工され日本へ輸出された．その後，前述のように日本への輸入数量は増え続けている．

4・2　中国でのワカメ養殖の実態と問題点

現在，中国での主産地は遼寧省の大連市を中心とした地域であるが同地区は観光地でもあることから大連市の外側（特に東側）へ養殖場は広がっている．また，山東省でも行われているが黄河の流入による濁りの問題があり，安定生産と品質向上は難しいようである．中国での養殖方法は中国独特の方法が行われており，特に種苗の作り方では「半人工育苗」，「全人工育苗」の二通りの方法があり，現地では各々省略して「半人工」，「全人工」と呼ばれている．

「半人工育苗」は親縄（横縄とも呼ばれる）に直接採苗し，これを海中で育苗していくという非常に大胆なやり方であり，中国独自の採苗方法である．親縄のみを準備すれば良いことや陸上での育苗施設が要らないという長所があるが，種苗の密度調整が難しく，太くて重い親縄を取り扱うことは大変煩わしく，また採苗用のめかぶが大量に必要であるという短所もある．また，「半人工育苗」に用いられる親縄は数シーズン再利用されコストの面でのメリットも大きい．初夏のワカメ養殖場近くの岸壁や広場は海から引き上げられた親縄でいっぱいになる．「全人工育苗」は日本や韓国と同じく，めかぶから種糸（クレモナ糸）に採苗し，室内で育苗していく方法であり，大連水産学院を中心に技術開発が行われた．

現在，いずれの方法でも母藻は養殖ロープ上の藻体が使用されるが最近では日本産の種苗の移入が頻繁に行われているようである．大連地区では設備，コストの面から「半人工採苗」がまだ多いが，段々と「全人工採苗」に変わりつつある．

中国での養殖は「横縄式」と呼ばれる中国独特の養殖施設で本養成が行われる．これは鳴門や韓国で行われている水平いかだ式に近いが60～100 mの幹ロープを8 m間隔で海に設置し，これに0.8～2.0 m間隔で親縄（横縄）を張っていく（図9・7）．「全人工採苗」の場合は親縄（横縄）に種糸を約30 cm間隔で挟み込むが，「半人工採苗」では親縄（横縄）に直接採苗したものがそ

のまま用いられる．この施設方式では，親縄（横縄）がたるみやすく水中に没するために養殖水深が一定で無く，生長にばらつきがでる．また，施設が隙間なく海に並ぶため，異常な密殖状態となり，非常に潮通しが悪くなる．幸いに中国には豊富で安価な労働力があるため，人手による「間引き採取」が行われている．これは密殖状況で生育するワカメを大きいものから順に刈っていく方法である．通常，原藻採取は早いところで 12 月末から開始され，旧正月前には 1 回目の採取が行われ，その後，2 番草，3 番草が採取されるが，4 月あるいは 5 月初旬に入ってからも続き，4 番草，5 番草まで採取される．

このような過度の密殖状態での養殖では生産量の多さではメリットがあるが品質の劣る原藻しか生産されない．また，大連では冬季の最低水温が 1℃台まで下降する．一般にワカメは水温が 5℃以下になると生育障害を起こし，また，冬の水温が 2℃以下の所には自生しないといわれている．大連の水温はワカメにとって非常に過酷な環境であり，一般に「中国ワカメはコシが無い」と言われていることの一因であると思われる．また，色調の劣化（くすみ），異常葉（毛そう，病虫害，付着生物，汚れ）等はワカメの品質の重要なポイントである．採取時期が遅れるほどこれらはひどくなるため，密殖の防止，早期の採取・加工が望まれる．横縄式を通常の水平いかだ式に移行するように指導しているが，中国でも韓国と同様に「質より量」という発想が主であり，なかなか改善されない．

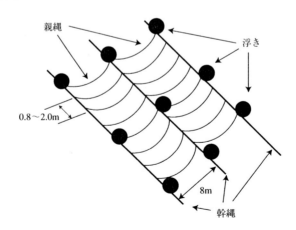

図 9・7　中国でのワカメ養殖ロープの模式図

4・3 中国でのワカメ加工

中国では加工工場が直接養殖を行っているため,養殖場は加工工場に近い所がほとんどであり,韓国と同じく,大量加工を行っているが安価な若年層の労働力に恵まれており,省力化,機械化よりは人海戦術で加工されている(図9・8 中国の湯通し塩蔵わかめ選別作業).

生原藻の湯通し加工時期は12月下旬から4月下旬(5月上旬)までで,比較的品質良好な部類のものは湯通し塩蔵わかめとして対日輸出されるが,中国国内での消費は殆ど無いため湯通し塩蔵わかめの選別雑(選別で除去された部分)までがカットわかめに加工されて輸出されている.

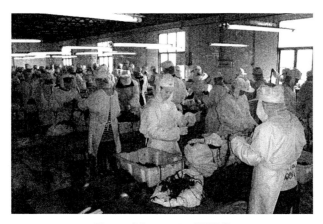

図9・8 大連でのワカメ選別作業

§5. 輸入ワカメの品質

ワカメの品質は「葉の厚さ,コシ,弾力,滑らかさ,色調(鮮やかな緑色),中肋の残存状況,末枯れ部の選別除去状況,葉体の穴あき,病斑」など様々な要素で決定され,これらには原藻の品質がそのまま反映される.生の原藻で見た場合には中肋(中茎)がすっきりとまっすぐ伸びて,葉の表面がヌルッと滑らかで弾力があり,かつ肉厚のワカメが高品質のワカメである.しかし,ワカメには成長・老化による葉体の劣化(粘性,弾力の消失),末枯れ,横枯れの進行,病虫害の進行等による品質の劣化現象が見られる.また,養殖の密度も品質低下の進行に大きな影響を及ぼす.韓国産や中国産の場合,養殖密度が高い

「密殖状態」で養殖されるためにひ弱な原藻となり，また，採取・加工時期も適採時期を逃して，老化・劣化の進んだ原藻を採取・加工する場合が多く，輸入されるワカメの品質もなかなか向上しない．

ただし，輸入ワカメと一口に言っても，韓国と中国からの輸入には大きな違いがある．韓国では元々国民一人当たりの消費量が日本の2～3倍と言われるほどワカメをたくさん食べる．よって，日本への輸出が始まったころから，韓国産ワカメの品質の良い部類のものは日本へ輸出し，残りを韓国内で消費するという構造がすでに出来上がっている．また，近年では中国ワカメよりも高価であることから，日本側も韓国ワカメに対する品質要求が厳しくなり，あまり品質の悪いものは日本へは輸出されないようになった．

ところが中国ではわかめをほとんど食べないため，中国で養殖生産されたワカメのほとんどすべてが何らかの形に加工され日本に輸出される．特にここ数年は，カットわかめを生産できる工場が急激に増えて，その輸出が急増した．カットわかめにすると枯れ葉や病虫害で穴があいたり，斑点があるワカメでも外観上は目立たないため，品質の非常に劣るワカメもカットわかめに加工されて日本に入ってきている．場合によっては，湯通し塩蔵わかめの選別雑をカットわかめに仕立てた（≒化けさせた）ものも見られる．菌，異物等衛生面で問題のあるものも見られる．中国ワカメの輸入量の増加は品質の底上げによる部分が大きいが，全体のレベルはまだまだである．低グレードの輸入ワカメの増加はわかめ市場の品質レベルの低下につながる大きな問題であり，品質の改善が急務である．

§6. おわりに

ワカメの養殖生産はわが国と韓国，中国の三国で行われており，わが国のみが輸入国で韓国と中国はもっぱら輸出のみを行ってきた．しかし，近年，韓国での生産量が減少してきており，日本に輸出する一方で韓国国内消費の不足分が中国より輸入されている[6]．この傾向は今後も続くと思われ，三国間の関係は微妙に変わってきている．韓国向けの中国産ワカメは対日輸出品よりも「安価なもの＝品質の劣るもの」が輸出されており，スソ物が韓国に輸出されることでいくらかでも対日輸出品の品質改善が期待される．

また，2000年より「三国若布協議会」が日本側；日本わかめ協会，韓国側；韓国水産物輸出組合海藻分科委員会，中国側；中国・大連裙帯菜協会により設立され，「品質向上，価格安定，市場開拓」の3項目を協議会の議題とし掲げることで合意し，活動を開始しており，今後の動向が注目される．

文　献

1) 農林水産省：漁業・養殖業生産統計年報，1963～2000年度版
2) 食料タイムス社編：食料タイムス，第6853号　2002.
3) 財務省（旧大蔵省）：貿易統計，1973～2000年度版
4) 社団法人水友会：現代韓国水産史，1987
5) 韓国・統計庁：浅海養殖業生産統計，1970～2001年
6) 韓国・関税庁：国家別品目別輸入統計，2001年（Web版）

10. 海藻サラダ原料の輸入と品質

鈴木　実*

§1.「サラダ系」海藻とは

　著者は，現在フィリピン共和国に工業海藻事業，南米のチリ共和国に食用海藻事業を行い，また国内外の企業や政府からの依頼により海藻の資源調査・製品加工指導・製造工場建設指導・市場調査などを行っている．既調査国はアジア圏では，中国，台湾，韓国，フィリピン，インドネシア，マレーシア，ベトナム，インド，パキスタン，南太平洋・オセアニア圏では，オーストラリア，タヒチ，フィジー，トンガ．北米では，カナダ，アメリカ．南米では，ブラジル，ベネズエラ，ペルー，チリ．ヨーロッパ圏ではアイスランドである．これらの経験に基づいてサラダ原料としての輸入海藻の品質と現状について以下に述べる．

　さて，サラダ系海藻とは，海藻サラダに使用されている海藻を指し，その数はノリ，コンブ，ワカメはもとよりトサカノリやマフノリなど40数種類に及ぶ．サラダ系海藻の分類として図10·1を参照されたい．食用海藻・工業海藻の分類については図10·2に示した．これらの海藻から3,000種類以上のサラ

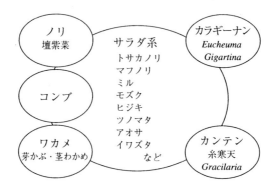

図10·1　サラダ系海藻

---

* (株)スズキ・アルガス

ダ系製品が製造されている.

　食用海藻系においてノリではスサビノリはもとより，壇紫菜を焙煎した商品なども海藻サラダとして使用している．工業海藻系においては，カラギーナンの原料であるシキンノリ Gigartina chamissoi などを，またカンテンの原料であるオゴノリ Gracilaria verrucoss や寒天製品である糸寒天などを海藻サラダの食材として使用している．

　食用海藻とは，長年世間一般で食用として生産・流通・消費されている葉体原型のある海藻，風味や香気や歯ごたえがよい海藻のことである．例えば，コンブは14属40数種存在するが，通常「コンブ」と呼ぶものは，日高こんぶ，利尻こんぶ，真こんぶなどで，アラメやワカメなどは含まない．一方工業海藻とは，工場において化学的処理を行い原料海藻から抽出等により様態を変えた海藻を指す．例えば，アルギン酸・カラギーナン・カンテンなどの原料となり，染織工業，医薬品工業，化粧品，食品添加物などの分野に使用されるものをいう．

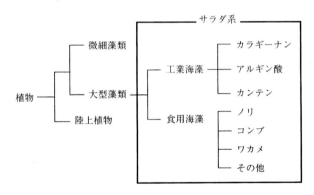

図10・2　サラダ系海藻の分類

§2.「サラダ系」海藻の市場

　比較のため現在と1987〜1992年の売上額および販売数量を調査したが，各業界とも統計的資料が無いためその集計は困難を要した．特に販売数量に関してサラダ系海藻を例にした場合，モズクの水揚げ量は生換算であると同時に販売も生製品のため数値化し易い．しかし，トサカノリなどは仕入段階で「生」，「塩蔵」，「素干し乾燥」などがあり，販売も「塩蔵品」と「乾燥品」があるた

め規格統一が難しい上に，最近では簡易性や保管設備が充実してきたためにドレッシング付き海藻サラダとして，「生」の製品も販売されている．このように各海藻により販売形態がまったく異なるため量的算出が難しいが，この機会に各業界の協力を得てその概数を算出してみた．その結果が表10·1である．この結果を「世界中の海藻を経済的価値から見たデータ」[1]と比較したところ，世界の中で日本の海藻生産額が飛び抜けて大きく，その中でも食用海藻としての利用が価格も一番高く，「日本の海藻による総生産額は，年間約35億ドル（4,000億円）にも達する」との記載にほぼ一致した．今後は海藻業界における各海藻生産量の比較をするためにも，原藻換算等による統一した規格をもつ必要性を感じる．

表10·1 わが国における海藻の売上高と販売数量
上段：売上高（億円），下段：販売数量

	品名	1987〜1992年	現在
食用海藻	サラダ系	30	300
		10,000トン	150,000トン
	ノリ	1900	1600
		95億枚	85〜90億枚
	コンブ	900	700
		30,000トン	23,000トン
	ワカメ	500	475
		330,000トン	330,000トン
工業海藻	カンテン	70	80
		1,125トン	2,050トン
	カラギーナン	15	22
		1,500トン	1,800トン
	アルギン酸	14	14
		1,500トン	1,500トン

2·1 「サラダ」系海藻の誕生

サラダ系海藻は1980年代までは，「珍味」に位置付けられており，各地方での独自の食文化や特産品程度の認知度でありサラダ食材としての周知はされていなかった．しかし1988年に新聞大手3紙が厚生省調査として「食物繊維，最も多い食品は？」という記事を掲載し，上位10品目のうち海藻が6品目を占め，これまで食物繊維の塊と見られていたサツマイモやゴボウがそれぞれわずか2.3％と3.5％であったのに対して，カンテンが81.3％，ワカメが37.9％

と従来の常識を覆す結果を公表した．また同時期に肥満や動脈硬化防止などの理由で健康食品が注目され始めたことも重なり，この15年余りで売上額は10倍，販売数量は15倍に拡大し，300億円の新市場となった．さらには，のり，こんぶ，わかめ，カンテン，カラギーナンの各業界において，「海藻サラダ」としてそれらが販売されている事実も新規市場の拡大に大いに寄与している．

2·2 のり

年間1,800億円の世界最大の海藻産業である．現在の消費量のうち，60％強を業務用が占め，過去10年間では大幅な伸びを示した．家庭用は過去10年間で横ばいから微減状態にあるのに対して，贈答用は過去10年間で激減した．外食産業向けの用途にみられるように，のりの需要が業務用に集中しつつあるため，味の評価が希薄になることや消費者が自らノリを購入する機会の減少などが懸念される．

2·3 こんぶとわかめ

販売数量について，昆布佃煮はこんぶ商品の約50％を占めているが，製造過程で4分の1になり，その一方で販売価格は4～5倍となる．さらに，輸入調整品（コンブ使用量が79％以下ならば輸入可能）の販売数量などの把握も困難なのが現状である．

わかめは販売数量の変化こそないが，製品の単価が廉価になってきている分，売上額が減少している．

2·4 カンテン

1990年代後半以降の販売数量はそれまでの2倍近くに増加したが，その増加分は輸入品（最終製品）によるものが全体の6割近くを占める．そのため販売数量の増加分に逆行し，円高による為替の変動が売上額を圧迫している．

2·5 カラギーナンとアルギン酸

食生活の洋風化や化粧品産業などの新商品としての用途拡大にともない，カラギーナンは量的・売上的にも若干の増加があった．円高に対しても，原料原藻が輸入品であるため，売上額への影響も少なく推移している．アルギン酸は販売数量・売上額ともに横ばいである．

§3.「サラダ系」海藻の現状と問題点

サラダ系海藻は，ノリ・ワカメ以外は慢性的な品不足である．原料としての「サラダ系」海藻の現状と問題点を以下に示す．

3・1 国内の現状

トサカノリ，マフノリ，フクロフノリ，ミル，スギノリ，シキンノリ，マツノリ，アオサ，モズク，トサカモドキ，ヒジキなど特に増殖養殖が難しく，加えて販売数量を確保するためには天候・気象状況も考慮しなければならない．すなわち，天産品という特性から販売価格もその安定性が保てないという問題がある．例えてみれば，現在に至るまでの石油産業と同じような経過をたどって来ており，原油で輸入していた時代から原産地に精製所を建設する経緯と同様に，原料原藻の供給基地に加工工場を建設し，「一次加工品または二次加工品」として日本へ輸入している．さらに最近では「最終品」を輸入する環境が整ってきた．

3・2 国内の問題点

サラダ系海藻に関する問題点は大きく分けて4点ほどある．

1）生産者の高齢化による人手不足
2）国や都道府県の規制や行政の構造的問題

サラダ系海藻が生産者から消費者に渡るまでには，行政上の規制や構造上の問題が山積する．例えば，10数年以上もの間，漁協の単協系列がキロ200円台で買い付けしていた海藻を，15年前に著者がキロ800円で買い付けを始め，その後浜値はさらに高値になる時期を数年経て，今現在も生産者からの買い付けを継続しているが，消費者価格は大きな変動をせずに採算可能な単価であった．この例を逆に解釈すると，各都道府県の単協系列は，低価格単価を放置してきたとの見方も可能となり，生産者の立場に立ってはいなかったという見方ができるのではないだろうか．規制や構造的問題のみが負として残存し，現実には既に適正に働くような機能では無くなっている単協系列や上部団体が少なくなく，旧態依然とした規制が，今では逆に生産者に負担を強いている結果となっていると感じる．

3）海藻の生態が未解明

3・1にあげたとおり，サラダ系海藻は個々の生産量も低く，専門家による生

態調査が極めて少ない．加えて，データの蓄積がなされておらず，年度生産予測などは，いまだに生産者による「観天望気」に頼る所が大きく，どのような原藻の状態や海洋状態が成長の増減につながるのかなどがほとんど未解明である．その事例を二つ示してみよう．

例①：ある地域では，1月から海藻の成長が始まり，3月の強風により全ての海藻が千切れて流出してしまうため，一部の生産者は早期採取を希望するが，その一方で6月の最盛期に備え胞子を残すべきとの意見もあって，採取せずにいるのが現状である．過去に数回1～3月に採取し，最盛期への影響は無かった．また同地域において5月の1ヶ月間に水揚量約100トンを採取し，1ヶ月置いた7月には同量の100トンが採取可能となる理由が，前述の1～3月の非採取とどのような関係にあるのか，いまだに未解明である．

例②：藻場の減少．日本以外でも磯焼けは発生しており，アイルランドのアイリッシュ海，ペルシャ湾，アフリカのケープタウン，北アメリカのセントローレンス湾，カルフォルニア半島，ポートランド，アラスカ半島，ニュージーランド，オーストラリア等，世界各地で発生している磯焼けに対する対策を含めて，海藻が潤沢に生育する環境条件の解明や海洋状況に適応した海藻生態の解明，さらに過剰採取防止などに関する研究が必要である．

4) フィールドでの研究者が極めて少ない．

藻類を研究するには海と地球を肌で感じる必要性を痛感する．研究する人の数が減っているのか，また研究者が年間何日間フィールドに立ち，研究しているのか伺いたくもある．「生命の源である海」と「水産資源の源である海藻」を知る必要性も同様である．海のもつ神秘性に共鳴しているからこそ，それぞれの水産系分野を研究されているのだと思う．この基本を自他共に再認識することで，次期世代の多くの研究者を先ずはフィールドで育ててゆくことが肝要であろう．

3・3 海外の現状

各国の水産系機関や大学などには，食用海藻に関しての有効なデータが無い．そのため著者の場合，自分で潜水調査をし，有用海藻を発掘・開発したのちに，現地に適した海藻の加工方法を検討した上で，現地生産者に製造・梱包などを指導している．海外の食用海藻に関する現状認識を以下に示す．

1) 特に生態に関しての資料が少ない．
2) 有用海藻資源が豊富にある．
3) 人件費を含め生産コストの優位性がある．
4) 原料原藻産地において，製造時の加工時間短縮による品質劣化の防止や原藻藻体の厳密な検品が可能になるなどの優位性がある．
5) 日本食，特に「寿司や大豆食品」など伝統的日本食に興味をもつ国が多く，この延長線上にサラダ系海藻が位置しており，近年ではチリ，ペルー，米国などで新聞や雑誌に食用海藻の記事が掲載されるなど途上国までが注目するに至っている．

3・4　海外の問題点

海外の食用海藻に関する現時点の問題点を以下に示す．

1) 原藻調査が困難であり，外国には海藻に関しての有効なデータが極めて少ない．

工業海藻であるオゴノリ属（*Gracilaria* 属）やキリンサイ属（*Eucheuma* 属）などの養殖方法に関する程度の資料はあるが，それらも現地の地域性や世界市場との適合性に乏しい．ODA や JICA など日本政府主導の開発も非適合性が目立つ．

例えばオゴノリの養殖研究設備一式（漁船まで含めて）が日本政府より援助されていたが，その地域では既に数年前から本格的な商業ベースでオゴノリの採取がなされている事などの非適合性が上げられる．今後相互にとって有効な水産資源開発への利用，さらには相手国の雇用や日本の水産食品文化の啓蒙に寄与する活動が重要となろう．

2) 海藻を食する習慣が無いことに起因する諸問題

生産者の採取方法，石付きや夾雑物が多いという採取における問題点．また加工における「食用海藻」としての海藻の認識が低く，原藻輸送・製造加工・梱包など食品加工としての認識が薄く，日本などの市場性に適した品質作りが課題である．

3) 加工資材の少なさ

電気が無いため機械乾燥による加工が不可能であるので，塩蔵加工にならざるを得ないが，塩が無いため保存が不可能である．そのため，水洗い後，天日

乾燥して保存している．さらに，真水が無いため加工自体不可能なことが多い．
　食用に適する海藻が存在しても，加工条件が整っていないこのような地域がまだ多数ある．

§4.「サラダ系」海藻の品質

　海外の製品は全て現地自社工場で最終製品に製造または再選別・再検品しているため，品質上の問題は無い．特に PL 法は，施行後消費者からも「安心と安全」を認知され，業界全体にとっても有効な規制であったと思う．

4・1　ISO・HACCP の疑問点

　ISO や HACCP について，食品一般に関する「国際統一標準規格」の必要性は認めるが，日本の伝統食品の一つである水産品乾物や「特に海藻」は食用として 8,000 年も前の縄文時代から食されているという記述もあり[2]，乾物や塩蔵としての加工方法も独自に確立していたにも関わらず，わずか 40 年前にアメリカで開発された「国際統一標準規格」を欧米から押し付けられるままに受け入れるのは些か疑問であり，逆にこの分野に関しては日本が欧米を啓蒙する立場ではないかと常に感じている．アメリカの基準は食品の安全性や排水処理を重視するが，一方 EU の基準は原料の資源枯渇防止，排水処理後の河川への影響などを重視，工場に対しての規格・基準ではなく，各商品の環境に対しての規格・基準と聞く．このように欧米でもまだ統一見解ではなく，日本においても各食品ごとの基準であり，さらにまだ HACCP 基準が出来ていない食品も多くあり，今後解決しなければならない課題が多いと思う．

§5.　将来の品質

　「サラダ系」海藻としては 20 年余りの新しい業種ではあるが，海藻が豊富に出回るようになった江戸時代から神事・神饌としてのみでなく，また支配階級のみが食した特別な食べ物から庶民の食材へと変わり[3]，300 余年の助走期間のおかげで，始動後 20 年程度で飛躍的に進化し続けている業種である．食用海藻の今後の品質研究課題を以下に示す．

1) 陸上植物がもち合わせていない特色ある海藻の炭水化物などを利用した栄養学的・薬理学的な研究

2) 色素，多糖類，食物繊維，アミノ酸，不飽和脂肪酸などの抽出物の利用と研究
3) 抽出後の残留物の利用と研究
4) 保健機能食品（特定保健食品）・医療分野での研究

などがあげられる．

以上，「サラダ系」の海藻について本稿では一部の海藻の説明に留めたが，海藻は国内外からの注目も多く，今後，環境と経済が両立する多種多様な海藻の研究と商品開発を進めてゆくことが著者の希望である．

文　献

1) W. L. ゼンケホアイト・大野正夫：海藻資源，日本海藻協会ニューズレター，6，25-26 (2001)．
2) 西澤一俊：ワカメが高血圧も成人病もハネ返す，主婦の友社，1986，pp.170
3) 新崎盛敏・新崎輝子：海藻のはなし，東海大学出版会，1980，pp.70-85．

11. 食用海藻の海外事情と国内問題

大　房　　剛*

ここでは，日本，韓国，中国を対象とし，取り上げる海藻類もノリ・ワカメ・コンブに限った．

§1. 日本・韓国・中国での生産状況
1・1　ノリの生産状況

日本・韓国・中国におけるノリ生産量の推移を図11・1に示した．

1. 日本での生産状況

1949年，イギリスのドリュー女史によって再発見されたノリの糸状体が，日本でのノリ養殖を一新させた．カキ殻の中で糸状体を培養しておき，秋の彼岸の頃にノリ網に下に吊して，ノリの胞子を網につける「人工採苗法」の技術が普及したのが1960年であり，この年の生産枚数は，それまでの16億枚前後から一気に36億枚に跳ね上がった．その後も，1969年から実用化された，ノリ網を浮きで海面に浮かべながら養殖する「浮き流

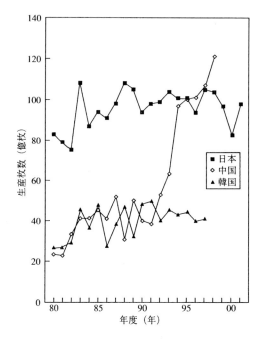

図11・1　日本・中国・韓国におけるノリ生産枚数の推移
（全国漁連のり事業推進協議会，韓国水産統計年報．中国水産統計年報）
中国・韓国の枚数は一枚を3gとして換算．
2001年の生産枚数は推定値．

---
* 元山本海苔研究所

し養殖法」や，天候が不順なためにノリにとって障害が起こりやすい11月から12月上旬までの間，3cm前後にまで育ったノリがついている網を−25℃の冷凍庫に入れて避難させておく「ノリ網の冷凍保存法」が，同じ1970年頃から普及し始めた．これらの技術によって，それまでの生産枚数36億枚から60億枚になったばかりでなく，枚数の変動幅が小さくなり安定してきた．さらに，多収穫性品種の導入や全自動のり抄製機の開発によって，生産枚数はさらに伸びて100億枚前後が平年作となっている．

2. 韓国での生産状況

韓国におけるノリ生産は朝鮮半島南西部の全羅南道が中心となっており，西海岸の各地でも行われている．日本ののりの1枚3gに対して，韓国ののりは薄く1枚2gが標準となっている．1990年代になってから，韓国ではのりの味が重視され始め，岩ノリが養殖されるようになった．岩ノリはオニアマノリ・マルバアマノリ・ツクシアマノリなどの総称である．

それ以前の1985年から普及し始めた浮き流し養殖漁場では，現在海面に浮かしたノリ網の両側に2mの間隔で発泡スチロールの浮きをつける露出式浮き流し養殖法が普及している．この方法では潮の流れを利用して網をひっくり返すことにより，網が水面から干上がり乾燥されるためノリが丈夫になり，品質が向上するとともに生産枚数も多くなった．

3. 中国での生産状況

中国におけるのりの生産は，台湾の対岸となる福建省が中心となっており，両隣の浙江省や広東省でも養殖されている．その品種は日本にはない壇紫菜 (*Porhyra haitanensis*) である．一方，日本と同じナラワスサビノリ系の品種は，長江（揚子江）河口より北の江蘇省で1983年頃から養殖され始めている．1枚を3gとして換算した年間総生産枚数は，100〜120億枚に達しているが，そのうち，ナラワスサビノリの製品は5〜6億枚に過ぎない．

中国のノリ養殖は，ほとんどが公司（会社）の形態で行われている．例えば，江蘇省の南通地区では全自動のり抄製機を中心にしながら，100人ほどの人がそれぞれ漁場管理と抄製作業を行うグループに分かれて作業を分担しており，さらに商品化し販売するまでを一つの公司で行っている．

1・2　ワカメの生産状況

日本・韓国におけるワカメ生産量の推移を図11・2 に示した．中国での生産量については資料がないので表示していない．なお，各国でのワカメ生産状況や輸入の推移については，Ⅳ-9. にくわしく述べられているのでここでは要点のみに止める．

1. 日本での生産状況

1954 年に宮城県の女川湾で養殖が始められたが，その生産量は 1962 年でも 2,000 トン（生重）でしかなかった．当時天然ワカメの生産量が 60,000 トン前後であったから，総生産量に対するその量は微々たるものでしかなかった．その後 1986 年には養殖ワカメの生産量が 135,621 トンと大幅に増加した反面，天

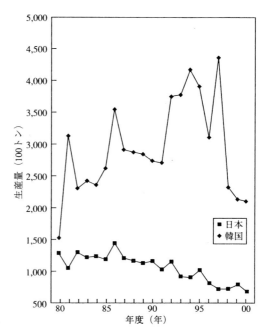

図11・2　日本・韓国におけるワカメ生産枚数の推移（漁業，養殖業生産統計年報，韓国水産統計年報）

然ワカメは 8,805 トンに減ったが，総量では 144,426 トンと最高に達した．それ以降は養殖・天然ともに生産量が急減して，2001年には，天然ワカメが 2,000 トン，養殖ワカメが 65,800 トンと，総生産量では 67,800 トンになった．この生産量は最高値の 45.5％と半減している．

2. 韓国での生産状況

韓国でも昔から天然のワカメが食べられていた．お産後の女性が体力を回復するためにわかめスープを食べる習慣があったためで，男性が食べるようなことはほとんどなかった[1]．1960 年代に入ってから始められたワカメ養殖の生産量は，1965 年に 1,257 トン（生重）でしかなかった．1969 年には 3,355 トンにまで増えたが，当時の天然ものの生産量が 40,000～50,000 トンであったか

ら，その比率はまだまだ低いものでしかなかった．

それが急増した背景には，日本での不作を補うための輸出を考えたためもあった．しかし，韓国でのワカメ養殖が軌道に乗った時には日本での生産が回復しており，韓国での増産分が宙に浮いてしまった．そこで，まず軍隊での食事とともに企業での給食にも使ってもらいながら，男性にも食べてもらえるような働きかけを続けた結果，今日では一人当たりの消費量が日本を上回るまでに伸びている．

3. 中国での生産状況

長江（揚子江）河口の南東沖に点在する舟山群島には，南方型のワカメが自生しているが，現在養殖されているワカメは，1928年に朝鮮人によって朝鮮から移植された北方型のワカメであり，遼東半島の大連や山東半島の青島・煙台などで行われていた[2]．1980年代の生産量は生重で10,000～20,000トンとなっている．1980年代後半からは大連付近や山東半島沿岸のコンブ養殖場でのコンブ生産をワカメ生産に切り替える動きが出てきた．日本への輸出量が制限されていたコンブよりも，自由に輸出ができるワカメの方が利益を上げやすいためであった[3]．不思議なことに，中国の生産統計の中にはワカメの生産量が出ていない．

しかし原藻換算したワカメの輸入量を見ると，1982年の2,565トンが1992年には58,870トン，2000年には217,135トンになっていることからも，中国での生産量の急増が推定できる．

1・3 コンブの生産状況

日本・中国でのコンブ生産量の推移を図11・3に示した．韓国でのコンブ生産量は非常に少ないのでここでは取り上げない．

1. 日本での生産状況

コンブの養殖は1970年頃から始められ，1975年に3,156トン（乾重），1985年には8,932トンとなり1989年には10,721トンにまで増えた．その後は減少し始めて，1999年には6,383トンにまでなっている．これに対して，天然コンブは1970年代の30,000トン前後から1980年代～1990年代には20,000トン台となり，1999年には15,806トンになっている．しかし，ワカメの実態と比較すれば，天然産の比率が非常に高く，養殖ものは29％に過ぎない．

2. 韓国での生産状況

韓国での生産状況についての資料はほとんど入手できていない．1980年代後半の生産量は，乾重で1,000トンから2,000トン台となっており，中国と比較してはもちろん，日本と比較しても6〜11%の量でしかない．

3. 中国での生産状況

黄海での夏の水温が高いために，中国にはコンブは自生していなかった．しかし，1927年に大連の寺児溝桟橋で自生しているコンブが見つかった．北海道から大連に入港した船によって運ばれてきたと考えられている．当時，

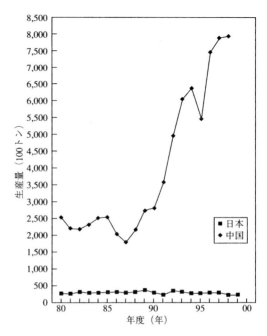

図11・3 日本・中国におけるコンブ生産量の推移（漁業，養殖業生産統計年報，中国水産統計年報）

大連で海藻類の研究をしていた大槻洋四郎氏がこれに興味をもち，中国で小規模な養殖試験を始めた．

戦争が終わってからも，「中国国民のヨード給源の確保」を重視した新しい中国政府は，大槻氏の協力を得ながらこの試験を継続した．最初は大連で，その後は煙台を経て青島に移されながら，種苗生産と養殖技術の確立についての研究が1945年まで続いた．それ以降の開発試験は中国の研究者や技術者に引き継がれ，1952年には曽呈奎氏らの努力によって「筏式養殖法」が実用化された[4]．当時の生産量は乾重で10,000トン前後に過ぎなかった．それが，1970年には88,294トン，1980年には252,907トン，1991年には356,660トン，1995年には644,400トン，1998年には793,100トンに達している．

全くなかったコンブ生産が，養殖によって50年余りの間に80万トン近い世界一の生産量にまで成長した．その開発の段階で日本人の協力があったことは

嬉しい限りである．生産されたこんぶは食用として消費されるばかりでなく，相当量がアルギン酸製造の原料としても利用されている．

§2. 生産者数の減少
2・1 日本での推移
日本での，ノリ・ワカメ・コンブ生産者数の推移を図11・4に示した．

1. ノリ生産者数の推移

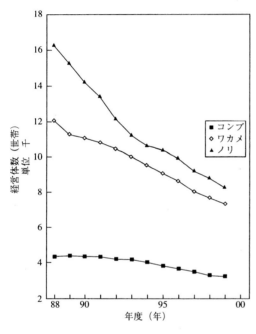

図11・4 日本におけるノリ，ワカメおよびコンブの経営体数の推移（漁業・養殖業生産統計年報）

1988年に16,289経営体であった経営体数は，その後減少の一途をたどり，1996年には9,901経営体となった．さらに1999年には8,274経営体にまで減り，1988年を100とした比率で51％と半分になっている．

経営体数は減っているが，経営体当たりの柵数や柵当たり生産枚数の増加，作業の機械化による作業能率の向上などによって，経営体当たりの生産枚数を増やしているため，総生産枚数は維持されている．しかし，経営体当たりの生産枚数がすでに限界に達しているため，これ以上経営体数が減ると，総生産枚数が減少し始めるものと考えられる．

2. ワカメ生産者数の推移

1988年の生産者数は12,065経営体であった．ここでも減少傾向が見られ，1993年には9,998経営体となり，さらに減り続けて1999年には7,295経営体と1988年の60％にまで減少している．ワカメの場合には，生産者数の減少

によって総生産量がすでに減り続けている.

3. コンブ生産者数の推移

1988年には生産者数が4,311経営体であった.コンブの生産者数も減少し続け,1999年には3,188経営体と,1988年の74%にまでなっている.コンブの生産量は,原藻の生産量ばかりではなく,原藻を乾燥する乾し場の広さによっても制限される.そのため,生産者の減少はそれほど生産量の変動に影響を与えていない.しかし,最近の生産量は明らかに減っている.

2·2 日本と韓国におけるノリ経営体数の推移

資料が限られているので,ノリ経営体数については1989年から1996年までの比較を行った(図11·5).日本では1989年の15,262経営体から1996年には9,901経営体に減少している.韓国ではそれぞれ43,200経営体から16,469経営体に減っている.これを1989年の数値を100とした比率で見ると,日本では65%になっているが,韓国では38%と大幅に減少している.これが韓国におけるのり生産量に影響を与え始めている.データはないが,韓国ではワカメ生産者数

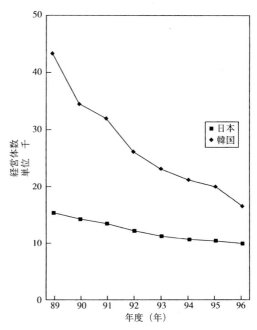

図11·5 日本・韓国におけるノリ経営体数の推移(漁業・養殖業生産統計年報,韓国水産統計年報)

も減っている模様であり,すでに生産量の減少が表面化してきている.

§3. 日本への輸入状況

3·1 ノリの輸入状況

ノリは輸入制限品目(IQ)となっており,経済産業省が中心になって輸入量

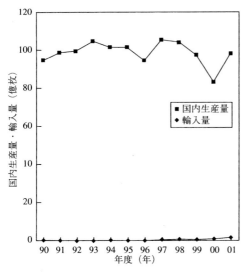

図 11・6 のりの国内生産量と輸入量の推移(全国漁連のり事業推進協議会,財務省通関統計)
2001年の生産量は推定値.

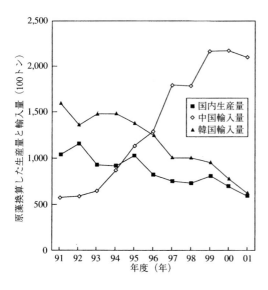

図 11・7 わかめの原藻換算した生産量と輸入量の推移(通関統計より換算)

が毎年決められている.長い間中断していた輸入が1995年の1,000万枚で再開され,2001年には15,000万枚にまで増えている(図11・6).輸入される先は韓国に限られており,乾のりの輸入枚数も増えたが,味付のりの量が大幅に急増している.

3・2 ワカメの輸入状況

原藻量に換算したワカメの輸入量は,中国からの量が急増して2001年には210,000トンになっている.これに対して,韓国からの輸入量は2001年度に62,500トンにまで減っている(図11・7).

3・3 コンブの輸入状況

コンブも輸入制限品目になっている.基本になっている2,260トンに,その年ごとの国内生産量によって,多少の追加が認められている.2001年には700トンが追加され2,960トンが輸入されている(図11・8).内訳は,中国産が78%,韓国産が17%,ロシア・サハリン産が0.8%などとなっている.

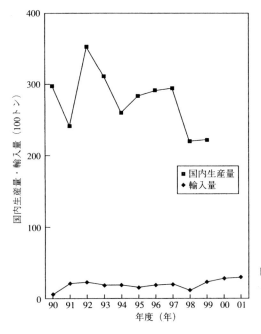

図11・8 コンブの国内生産量と輸入量の推移（漁業・養殖業生産統計年報，財務省通関統計）

§4. 日本市場への影響と対策

4・1 のり業界への影響と対策

　日本国内での生産枚数は，有明海が不作になった2000年を除き，最近は94億枚から108億枚の範囲内で変動している．1995年から再開された韓国からの輸入量は2001年に15,000万枚になっているが，この量は国内生産量に比べ全く問題にならない量でしかない．輸入制限の制度は，そう簡単には変更されそうもない．しかし，WTOへの加入が認められた中国から強い要請があった時には，その枠が拡がる可能性も考えられる．

　しかも，中国では昔日本でも養殖されていたスサビノリの養殖が，韓国ではアサクサノリの養殖が再び試みられ始めている．これらの品種は，現在養殖の中心になっているナラワスサビノリの製品よりも味がよい．このような製品が輸入されるようになれば，日本で味がよいとして贈答用に使われている，単価の高いのりが中国や韓国ののりに置き換わる危険もあろう．平年作であった

1999年に単価15円以上ののりが56,000万枚であった．このような枚数であれば，輸入量が1億枚とか2億枚であっても大きな影響を受けることになろう．そのためにも，今から味のよいのり生産の実現に努力するとともに，スサビノリやアサクサノリの養殖にも，再度挑戦すべきである．

4・2 わかめ業界への影響と対策

2000年におけるわかめ供給量は，原藻換算で国内生産量が69,200トンに対して韓国からの輸入量が77,420トン，中国からが217,135トンで，総量に対する比率はそれぞれ19％，21％，60％と，81％が輸入品で占められている．

韓国でのワカメ生産量が減っていることから，今後韓国からのワカメ輸入量は減少するであろうが，中国からの輸入量はより増加すると推定される．これに対しては，輸入制限を考えるよりも，中国国内の消費量を増大させる働きかけの努力を続けるべきである．

中国北部や東北部の冬は，厳しい寒さになるため野菜がなくなる．塩蔵わかめは，野菜の代わりに最適であるばかりでなく，野菜と全く同じ方法で料理ができる．このような利点を強調すると同時に，ワカメの健康への効果をあげながら消費の拡大をはかるべきであり，輸入制限という守りの姿勢から中国国内での需要増大をはかる攻めの動きに徹する必要がある．

4・3 こんぶ業界への影響と対策

最近は20,000トン前後の国内生産量に対して，2001年の輸入量は2,960トンに過ぎない．日本では輸入制限品目としてその量が制限されているばかりでなく，二年生のコンブが尊重されており一年生の養殖コンブとは厳しく区別されている．中国のコンブは，促成養殖されてはいるが養殖コンブであり，おのずからその用途が限られてしまう．そのため，輸入コンブとの棲み分けが可能と考えられる．しかし，高級なこんぶの価値が正しく認識できる人が老人に限られ，若い人から見放される危険はないのだろうか．こんぶでさえあればあとは値段で選ぶ人が多くなってきた時，こんぶ業界はどうするのであろうか．

§5. おわりに

長年，伝統食品を商ってきた老舗には，それなりの「生活の知恵」が蓄えられている．しかし，体で覚えた職人さんに「なぜ」とその理由をただしても，

その説明はできない．場合によっては，長年のカンによって仕事を進めてしまうこともありえよう．そのカンは年齢とともに微妙に変化してしまうことも事実である．

そのような「古くからの生活の知恵」に新しい科学的なメスを入れ，仕事の過程を数値化し，記録しておくべきである．例えば，「乾かす」という作業でも，「それをどのような方法で」乾かすのか，工程ごとに数値化することが品質を保ち向上させるために是非とも必要な条件になろう．若い方々によってこのような解析が行われ，その技術が正しく理解され伝承されてゆくことを強く望みたい．

文　献

1) 高　南表：韓国における海藻養殖の現状, 海苔と海藻, 50, 4-13 (1995).
2) 劉　思倹：中国での海藻栽培, 海苔と海藻, 52, 1-8 (1996).
3) 編集部：中国ではワカメがブームなのに, 海苔と海藻, 29, 21 (1987).
4) 編集部：中国での昆布養殖の変遷, 海苔と海藻, 30, 22-31 (1988).

出版委員

青木一郎　落合芳博　金子豊二　兼廣春之
櫻本和美　左子芳彦　瀬川　進　関　伸夫
中添純一　門谷　茂

水産学シリーズ〔133〕　　　定価はカバーに表示

海藻食品の品質保持と加工・流通
Prospect of Quality, Processing and Distribution of Sea Algae Products for Human Hood

平成14年11月15日発行

編　者　小川　廣男
　　　　能登谷正浩

監　修　社団法人　日本水産学会
〒108-8477　東京都港区港南　4-5-7
東京水産大学内

発行所　〒160-0008
東京都新宿区三栄町8
Tel 03 (3359) 7371
Fax 03 (3359) 7375
株式会社　恒星社厚生閣

日本水産学会, 2002. 興英文化社印刷・風林社塚越製本

出版委員

青木一郎　落合芳博　金子豊二　兼廣春之
櫻本和美　左子芳彦　瀬川　進　関　伸夫
中添純一　門谷　茂

水産学シリーズ〔133〕
海藻食品の品質保持と加工・流通
（オンデマンド版）

2016年10月20日発行

編　者　　小川廣男・能登谷正浩
監　修　　公益社団法人日本水産学会
　　　　　〒108-8477　東京都港区港南4-5-7
　　　　　東京海洋大学内

発行所　　株式会社 恒星社厚生閣
　　　　　〒160-0008　東京都新宿区三栄町8
　　　　　TEL 03(3359)7371(代)　FAX 03(3359)7375

印刷・製本　株式会社 デジタルパブリッシングサービス
　　　　　URL http://www.d-pub.co.jp/

© 2016, 日本水産学会　　　　　　　　　　　　　　AJ597

ISBN978-4-7699-1527-0　　　　Printed in Japan
本書の無断複製複写（コピー）は，著作権法上での例外を除き，禁じられています